JN184243

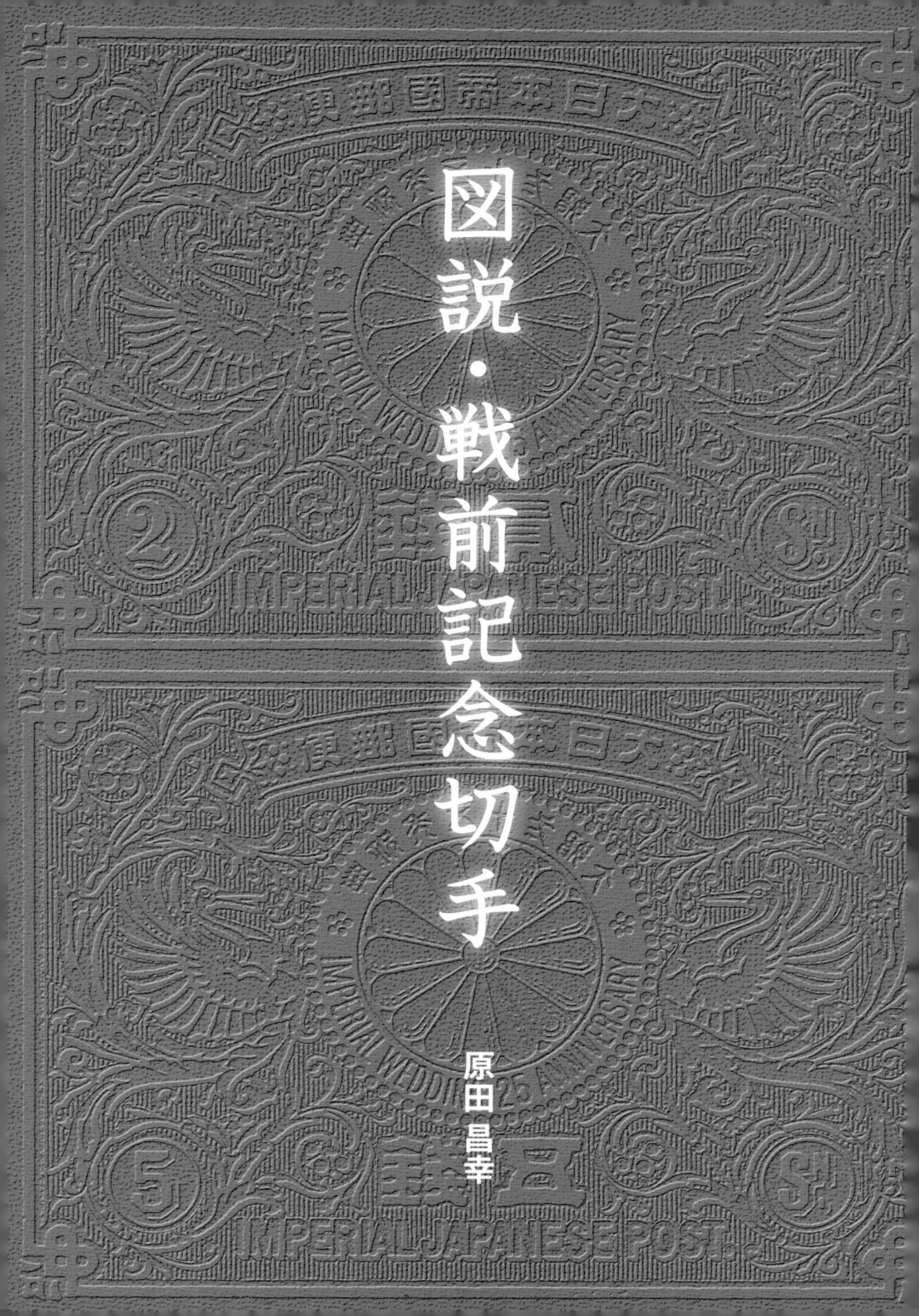
図説・戦前記念切手
原田昌幸
大日本帝國郵便
IMPERIAL WEDDING 25 ANNIVERSARY
IMPERIAL JAPANESE POST
大日本帝國郵便
IMPERIAL WEDDING 25 ANNIVERSARY
IMPERIAL JAPANESE POST

まえがき

大阪で万博が開かれた昭和45年（1970）年頃、私はまだ小学生でした。その頃、日本は空前の切手ブーム、世界各国で発行されたきらびやかな万博記念切手に魅せられ、私も熱心にデパートの切手売り場に通ったことを思い出します。

そんな折り、街角の小さな切手屋さんの店頭で見つけたのが、昭和3年（1928）発行の「昭和大礼」3銭の記念切手でした（下左）。

薄クリーム色の上品な紙に刷られた切手、神社のような建物が細かな線で描かれていて…こんなに精巧な切手があるのか！これが、日本の戦前記念切手と私との、最初の出会いでした。

明治27年（1894）に、日本で初めての記念切手（昭和初期までは「紀念」と表記＝＊1）が発行されてから、昭和20年（1945）の第2次世界大戦終結までに発行された記念切手を、切手収集家は〝戦前記念〟と総称します。その数36件、種類にしてちょうど100種です。

この中には、関東大震災による「不発行切手」など、珍品も含まれます。

その後、私は考古学と歴史を学び、博物館や文化財に関する仕事につきました。

そこで次第に、高まってきたのが〝切手で歴史を楽しむ〟ことの面白さ、です。私が最初に出会った「昭和大礼記念」3銭切手に描かれた、神社のような建物は何だろう？

一つずつ、記念切手に秘められた疑問を調べて行くと…切手の図案、印刷

版式、さらにはその用紙に至るまで、全ての要素は時々の社会を写し出している、つまり切手は〝時代の生の証人〟であることに驚き、また感動します。

本書では、このような切り口で、戦前発行の記(紀)念切手に着目し、日本の社会・歴史を読み解く楽しさをお伝えしたい、と言う想いで纏めました。

素材は、平成16年から17年(2004~5)にかけて『スタンプマガジン』に連載させて戴いた「セミ・クラシック:戦前の記念切手」の記事でした。

この連載では、戦前の記(紀)念切手を、ただ単に発行順に並べるのではなく、あえてその発行テーマ毎に纏めて、図案の持つ意外性と面白さを紹介しました。そこで加えたのが、「逓信省記念絵葉書」や「特印」などの関連資料でした。

連載は全17回。回を重ねる毎に、歴史・有職・社会など、さまざまな情報・知識を盛り込むことができて…毎号楽しく執筆させて戴きました。

切手収集は、誰もが楽しめる幅の広い趣味です。

戦前の記(紀)念切手の面白さは〝本物〟の切手を観察してこそ。是非、実物の切手を入手して歴史を〝楽しんで〟下さい。

中には高価な切手もありますが、手軽に手が届く廉価な切手もたくさんあります。その楽しみ方の秘訣も、しっかり巻末でご案内しています。

本書の刊行に当たっては、貴重なマテリアルや資料を、多くの方々からご提供頂きました。末筆ですが、ここに厚く御礼を申しあげます。

原田昌幸

(*1)「記念切手」の「記」は、明治~昭和時代初頭までは「紀」と表記された。現在使われる「記」となったのは、昭和3年(1928)発行「昭和大礼記念」から。本書では、切手名称として記述する場合、発行当時の名称で「紀」と「記」を使い分けている。

目次

第一章 皇室
明治・大正・昭和前期

第二章 戦争の時代

戦役紀念の絵葉書

下／神宮式年遷宮紀念の絵葉書
左下／大正大礼の紀念絵葉書

第三章 日本の郵便

第四章 国家事業

樺太庁始政第18年紀念の絵葉書

亜欧連絡記録飛行記念航空展記念の絵葉書

右上／満州建国10周年記念の絵葉書
右／大東亜戦争割引国庫債券

日本の記（紀）念切手事始め

「今度御執行あらせらる丶（明治天皇銀婚式＝筆者加筆）に際し、予は久しく日本に在留する者に付き、何れか其紀念物を得ん事の希望に堪えず。差し向きの考案を申せば、逓信省の如きは一時特別の郵便切手、若しくは端書（はがき）を発行しては如何（いかが）あるべきや。僅かの代償を以って何人にても得らる丶が故に、世人一般、殊に本邦に居住せざる日本の友人は、大典の紀念として定めし珍重する事なるべし云々
千八百九十四年二月八日　ロムラス」（句読点筆者）

当時の新聞『時事新報』３８８８号（明治27年（１８９４）2月10日）に載った横浜英字新聞の投書の翻訳記事「銀婚式の紀念物」が、逓信省を動かした。

わが国最初の記（紀）念切手発行まで、既に1か月足らず！の時である。

The Japan Weekly Mail:
A REVIEW OF JAPANESE COMMERCE, POLITICS, LITERATURE, AND ART.
No. 6.] YOKOHAMA, FEBRUARY 10TH, 1894. [VOL. XXI.

CONTENTS.
[illegible]
The Imperial Silver Wedding
[illegible]

The Japan Weekly Mail.
[illegible]

...Judgments from Mr. T. H. Box; acting on the suggestion of the Judge, the parties settled the affair amicably.

The plum trees on Nogeyama will be in full blossom on Sunday, while those at Sugita will flower a week later.

There is a very good prospect of the train service on the Tokyo-Kobe main line being greatly accelerated in the near future.

A RICE-DEALER in Yokohama, in a fit of jealousy, cut his wife's throat on the forenoon of the 2nd inst., and then committed suicide.

A girl, fifteen years of age, was burnt to death in a fire which occurred in Aoki-cho, Kanagawa, on the morning of the 2nd inst.

The twenty-one days' of dry weather came to an end on Thursday, when rain fell copiously for many hours. It was greatly needed.

Mr. Kaneko, Vice-Minister of Agriculture and Commerce, has been appointed Chief Commissioner of the Fourth Domestic Industrial Exhibition.

The Imperial University has lost an earnest student by the death, in his thirty-third year, of Professor Kikuchi [illegible]. He held the assistant-chair of Geology.

The special Drainage Investigation Committee of the Osaka City Assembly has estimated the cost of improvement at yen 700,000. The work is to be completed in five years.

Church, Yokohama, was held on Thursday. The Committee reported a balance in hand of [illegible]. They have raised the Rector's stipend from [illegible] to [illegible], in consequence of the increased cost of living owing to the depreciation of silver.

The House of Lords has rejected the amendments made in the Commons upon the Lords' Amendments of the Employers Liability Bill. The French Government has introduced a Bill adding two francs to the existing duties on wheat. Later despatches from Rio de Janeiro regarding the engagement between the Brazilian Fleet and the American man-of-war, state that after a few harmless shots had been exchanged, the Brazilians struck their flag to the United States ship. The United States House of Representatives voted the Tariff Bill and the Internal Revenue Bill as one bill by a majority of sixty-five. In the French Chamber of Deputies, the Government promised to remedy the defects of the Navy, and a vote of confidence in the Ministry was then carried. Mr. Gladstone denies the statement published by the Pall Mall Gazette that he has decided to resign office, though he says that his age, sight, and hearing for many months past have made relief from public cares desirable and rendered his tenure of office liable to interruption at any moment. The Magistrate has discharged Harmen, the man prosecuted in connection with the electric belt swindle. The French troops have again attacked the British in Africa, and several were killed and wounded on either side. Vaillant, the bomb-thrower, has been executed.

[illegible] of Exchange on one hand, with [illegible] in demand on the other, has had [illegible] of bringing transactions in the Import [illegible] to a standstill. Nothing at all has [illegible] in Yarns, while Shirtings and certain [illegible] Piece-goods are extremely dull. [illegible] a small amount of business has taken [illegible] Victoria Lawns, Velvets, and Mousse[illegible] little has been done in Metals, and [illegible] aspect of the trade prevents the [illegible] of prices being higher before they [illegible]. The Kerosene market is not strong, [illegible] arrival of a cargo of American Oil [illegible] weakened prices, though to what [illegible] not apparent, as transactions have [illegible] sufficient to make quotations [illegible].

ジャパン・ウィークリー・メイル明治27年（1894）２月10日号の一面。復刻版『ジャパン・ウィークリー・メイル』1890-1894（Edition Synapse 刊 横浜開港資料館 監修）より転載。

THE IMPERIAL SILVER WEDDING.

TO THE EDITOR OF THE "JAPAN MAIL."

SIR,—As a long resident of Japan, I should be glad to be able to possess in some way a souvenir of the Imperial Silver Wedding. I would venture to say that the Post Office Department ought to take a leading part in the festival programme, by issuing on the Jubilee Day a special Stamp or Postal Card. The general public and absent friends of Japan who are anxious to keep a memento will look with joy on the little paper, the record of a great event.

Yours respectfully ROMULUS.
Feb. 8, 1894.

横浜英字新聞ジャパン・ウィークリー・メイル（左上）に掲載された、明治天皇銀婚式の記念に、記念切手あるいは記念葉書の発行を提案する投書。

第一章

皇室　明治・大正・戦前昭和

明治天皇銀婚式紀念 ◇ 1894年（明治27）3月9日・2種 凸版

日本最初の記念切手は、西洋の習慣〝銀婚式〟

明治天皇ご夫妻

欧米諸国に20年程遅れて始まった日本の郵便事業は、政府の強力な殖産興業政策で、明治時代中期までに長足の進歩を遂げました。

記念切手の発行もしかり。明治27年には、諸外国にひけをとらない、立派な記念切手が発行されました。アメリカの翌年、世界で17番目の、記念切手発行国への仲間入りです。

明治天皇は嘉永5年（1852）のお生まれ。16歳で践祚（せんそ）（天皇の位を受け継ぐこと）、翌年即位の礼を行われました。その年の秋には、元号

明治天皇銀婚式紀念 中央に大きく菊花紋章。左右対称図案のなかで、対鶴の口の開きのみが異なっている。

雪湖の試作原画
樋畑雪湖（ひばたせっこ）安政5年（1858）～昭和18年（1943）は、信州松代の出身、逓信博物館の創立に関与。本名は正太郎。明治8年（1875）に上京し、浮世絵や洋画を学ぶ。歴史・有職（ゆうそく）に詳しく、戦前の記念切手や貯金台紙の原画を多数描いた。右の図案草稿は、夫婦和合の図。岐美二神（ぎみにしん）の婚約神話を題材とするが、洋風の構図が斬新。「切手趣味」誌昭和5年（1930）7月号より

を明治に改元、明治時代の幕開けです。明治2年（1869）2月には〝立后（りっこう）（公式に皇后を立てること）の儀〟を挙げられます。お相手は、一条家ご出身の美子（よしこ）皇后でした。

それから25年、積極的な欧化政策を進めるなか、西洋の習慣である銀婚式に則（のっと）り、盛大なお祝いをしよう、との機運が盛り上がりました。〝大婚〟とは、中国では天子のご結婚のこと。式典の名前も「大婚二十五年祝典」と定められ、数々の行事が慌しく準備されました。

切手の発行もその一つ。記念切手という発想すらなかった当時、発行のきっかけは、来日していた外国人の新聞への投書でした（6ページ）。これが日本の新聞にも和訳されて、時の逓信大臣 黒田清隆が、切手の発行を決議したのは、発行のわずか25日前のことでした。

初めての記念切手、少ない準備期間、印刷局の技術陣は昼夜を徹して取り組みます。切手は国内用と外国向け、共に封書用・同図案の2種でした。図案は、樋畑雪湖が描いた伊邪那岐（いざなぎ）・伊邪那美（いざなみ）2神の結婚を描くスケッチも残されていますが、時間的な制約からか純粋な吉祥模様となりました。

大きさは普通切手のほぼ横2倍。中央に大きく菊花紋章を描き、その左右に〝対鶴（むこうづる）〟そして唐草模様、上方左右には梅花が置かれています。対鶴は長寿

阿吽の鶴
雄の鶴＝右は嘴（くちばし）を閉じ、雌の鶴＝左は嘴を開く。左右対照の図案の中で僅かに異なる。元々は中国陰陽思想に繋がるデザインで、宇宙万物の合一を象徴した吉祥の図案。

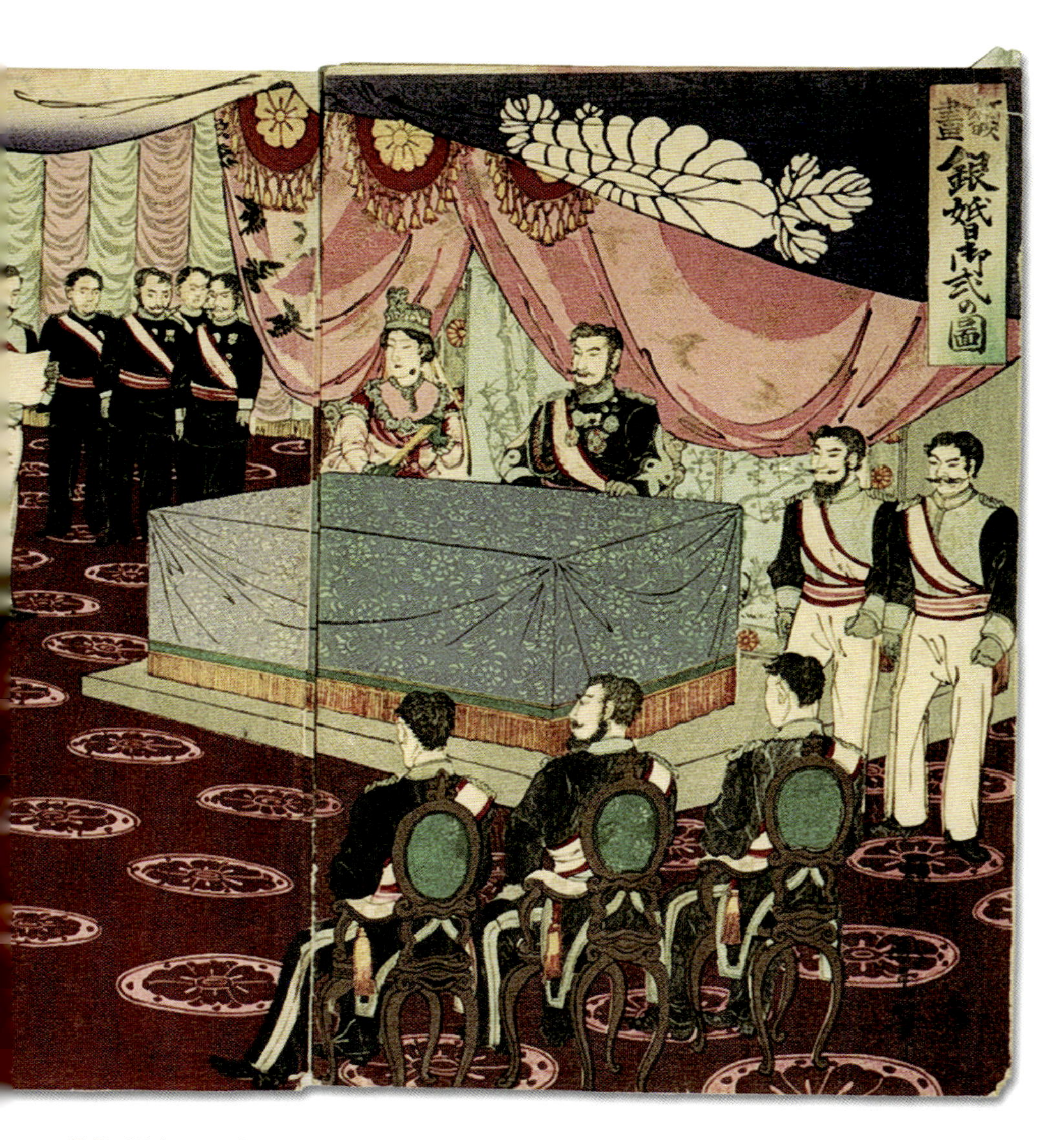

祝賀の“嶋台(しまだい)”が飾られている。

写真技術が普及する明治30年代までは、近世から続く木版画＝錦絵が、写真以前の主要な報道手段だった。作画は五代目歌川国政(号は小国政、棒堂など)で、日露戦争の頃まで、戦況を題材とした錦絵を多くのこしている。版元は、日本橋の福田熊次郎。

額画 銀婚御式の図　郵政博物館所蔵

祝典当日、両陛下は宮中三殿(賢所(かしこどころ・けんじょ)・皇霊殿(こうれいでん)・神殿(しんでん))を拝礼、次いで宮殿「鳳凰の間」に出御、皇族・政府高官・各国公使から祝賀を受けられた。

図は、銀婚式の祝賀会の光景を木版画で描く。大元帥の御正服(ごせいふく)に旭日大綬章(きょくじつだいじゅしょう)を召された天皇陛下と、中礼服(ちゅうれいふく)であるローブデコルテ(胸元を少し出したスタイル)に勲一等宝冠章(くんいっとうほうかんしょう)を召された皇后陛下を前に、並んで祝意を表する官僚たち。左上方には宮内省職員が献納した

明治天皇銀婚式紀念の初日満月印
この時代、まだ初日カバーや、特印を切手に押して記念品を作る習慣は日本にはなかったが、在日外国人の間では、切手自体に初日印を押す行為が盛んに行われ、現在でも欧文の初日満月印は比較的容易に入手できる。

を象徴する文様ですが、良く見ると右の鶴は嘴を閉じ、左の鶴はわずかに嘴を開いています。左右対称の図案で、この部分だけが非対称。これは、伝統的な有職文に特有の配置で、阿吽の姿＝陰陽雌雄＝天地合一という、古代からの世界観を表しています。加えて、英文の記念名称も入れられ、当時の欧化政策の余韻も感じ取ることができます。

切手の印刷は2年間にわたるため、比較的手軽に入手できる目打のバラエティもあって楽しめます。

官報第三千二百號附錄

○省令

遞信省令第三號

本月九日ヨリ左ノ見本二錢及五錢郵便切手ヲ發行ス

明治二十七年三月二日

遞信大臣　伯爵黑田清隆

明治二十七年三月二日

明治天皇銀婚式紀念切手の発行を告示する官報。新切手発行の省令に見本切手を貼付している。見本切手の実物を貼付したのは、記念切手では本例と、日清戦争勝利紀念のみ。

収集ミニ知識

世界最初の記念切手

カヤオ・リマ鉄道開通20周年記念。(1871年 ペルー)

世界最初の記念切手発行国はペルー(鉄道開通20年)。1871年で、日本で郵便制度が創始された年。イギリスは1887年(ヴィクトリア女王即位50年)、アメリカは1893年(世界コロンブス博覧会＝日本の明治天皇銀婚式紀念切手発行の前年)、いずれも最初の記念切手を発行。19世紀の当時、記念切手はその発行も数年に1回という事もあり、2年間以上にわたり印刷され、長期間売りさばかれたものが多い。アメリカ、日本もその典型。そのため、目打のバラエティや、様々な使用例が残され、専門収集でも大いに楽しめるテーマとなる。

明治神宮鎮座紀念◇1920年(大正9)11月1日・2種 凹版
明治神宮鎮座10年記念◇1930年(昭和5)11月1日・2種 平版

明治神宮造営の風景　移植されたばかりの松の木

明治天皇をお祀りする明治神宮の創始

戦前の記念切手の魅力は、随所にちりばめられた、日本の伝統文化〝有職故実〟の知識にもあります。

有職故実とは、「朝廷や武家礼式・典古・官職・法令などに関する古代の決まり(広辞苑)」ですが、切手でも綿密な図案考証にその知識が駆使されていて、無意味な装飾文様など、どこにもありません。

■明治大帝の追憶

明治45年(1912)7月30日、明治天皇

明治神宮鎮座紀念
図案は外拝殿(手前)と本殿(奥)。

の崩御で時は大正に移り、人々は明治の面影に心を寄せるようになりました。官民一体となって「明治大帝の聖徳を偲び、威徳を景仰する」機運の高まりは、明治天皇をお祀りする明治神宮の創始に結実。大正9年（1920）、「国母」として慕われた昭憲皇后もご祭神として、明治神宮が創建されました。今、東京のオアシスとして貴重な神宮の杜は、この時に、全国の人々の勤労奉仕で作られた、人工の森なのです。

　同年、明治神宮の鎮座を記念して発行された2種の切手は精緻な凹版印刷、図案の中央に松の木立越しの外拝殿と本殿の屋根を描き、四周には本殿内、壁代の野筋（紐）に織り込まれた有職文、「三重襷文」が飾られています。本殿は流れ造りと称され、平安時代の宮殿建築を模した構造。壁代とは、殿内に安置されたご神体の四周に懸けられた、カーテンのような調度品です。

　額面は葉書、封書用の国内料金2種

明治神宮本殿の構成

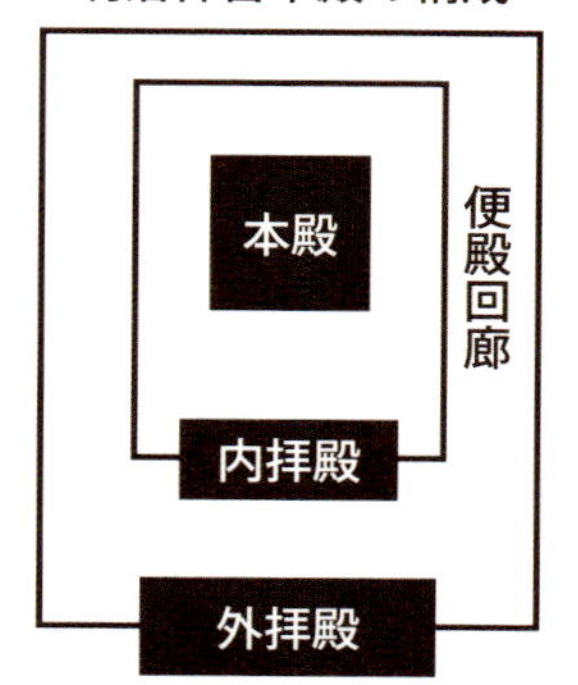

Check!

三重襷文の図解

御本殿の中には室礼（しつらい＝設備）として、御神体を安置する御帳台（みちょうだい）が置かれ、その四周を壁代（かべしろ）で囲む。三重襷は、四つ菱の周囲に三重線を連続させた有職文で、壁代の周囲に垂らされた野筋にあしらわれた文様。

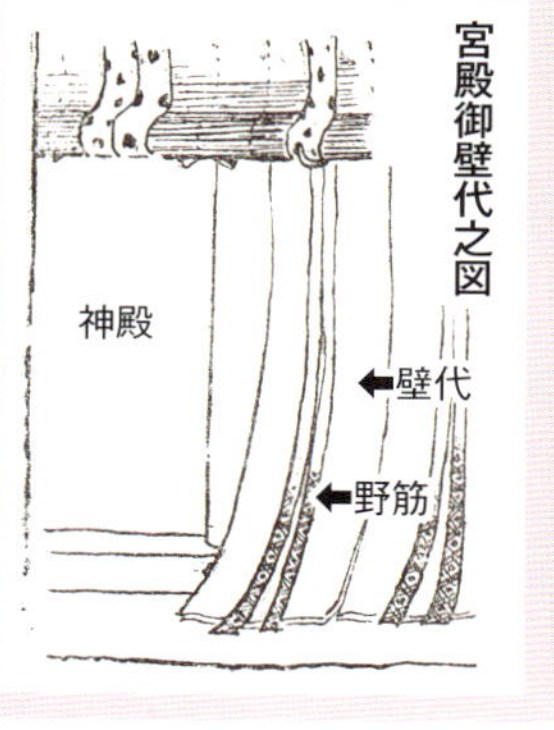

宮殿御壁代之図

明治神宮鎮座　四周枠の三重襷文の拡大。

切手周囲の有職文　明治神宮鎮座10年
左右枠の宝相華に花菱文の拡大。

明治神宮鎮座10年記念　図案は本殿(左)と内拝殿(右)。

のみ。神社の創祀はあくまでも国内行事であり、外国には無関係…と言う当時の官僚意識を反映して、この切手は日本占領地以外の外国郵便には使えませんでした。用紙は薄手の白紙、余白(マージン)を広く取った贅沢なデザイン、しかしセンターの良いものを捜すのは一苦労です。デザイナーの意図に、まだ製造技術が追いつけなかった時代だったのでしょう。

■国を挙げての奉祝

それから10年、大震災を克服し、元号も昭和に改まり、即位大礼の余韻も残る昭和5年(1930)、明治神宮は鎮座10年を迎えました。10年毎の節目(年祭)を大切にする神道では、鎮座10年は大切な年まわり、国を挙げての奉祝が行われました。切手の発行もその一環です。鎮座の時と同様、発行額面は国内用の2種でした。

今回の切手は国内に限るという使用制限もなく、そのため刷色はUPU条約に併せて、葉書用=緑、封書用=褐橙とされています。図案は内拝殿と本殿。鎮座紀念では遠慮もあってか、屋根しか描かれなかった祭神の御座所です。左右には今回も殿内に備えられた調度品である御簾の縁模様から「宝相華に花菱文」が採用されました。

切手の大きさや図案構成は似ていますが、印刷はより簡便な平版です。それでも刷り上がりはクリアー、10年間の技術の進歩が窺えます。しかし、1銭5厘の切手には、「厘の第2画が短い」定常変種が100面シートのうち10面に存在します。このバラエティは、比較的存在率が高く、また入手も気を付けていれば容易

特　印
鎮座10年記念

特　印
鎮座紀念

神宮の大鳥居
豊かな緑に囲まれた明治神宮の大鳥居。鎮座当時の写真で、まだ樹木が小さい。

神宮の杜(もり)の池畔(南池に張り出した釣り台)　明治神宮の造営地は、大正４年(1915)に陸軍代々木練兵場(現：代々木公園)の隣接地が選ばれた。当時は豊多摩郡代々幡村。東京市の郊外で、田畑と原野が広がり、また、神宮内の御苑は江戸時代の大名、加藤家、井伊家の下屋敷の庭園。自然の地形を生かした景観は、今も造営当時の面影を留めている。写真は当時の絵葉書より。

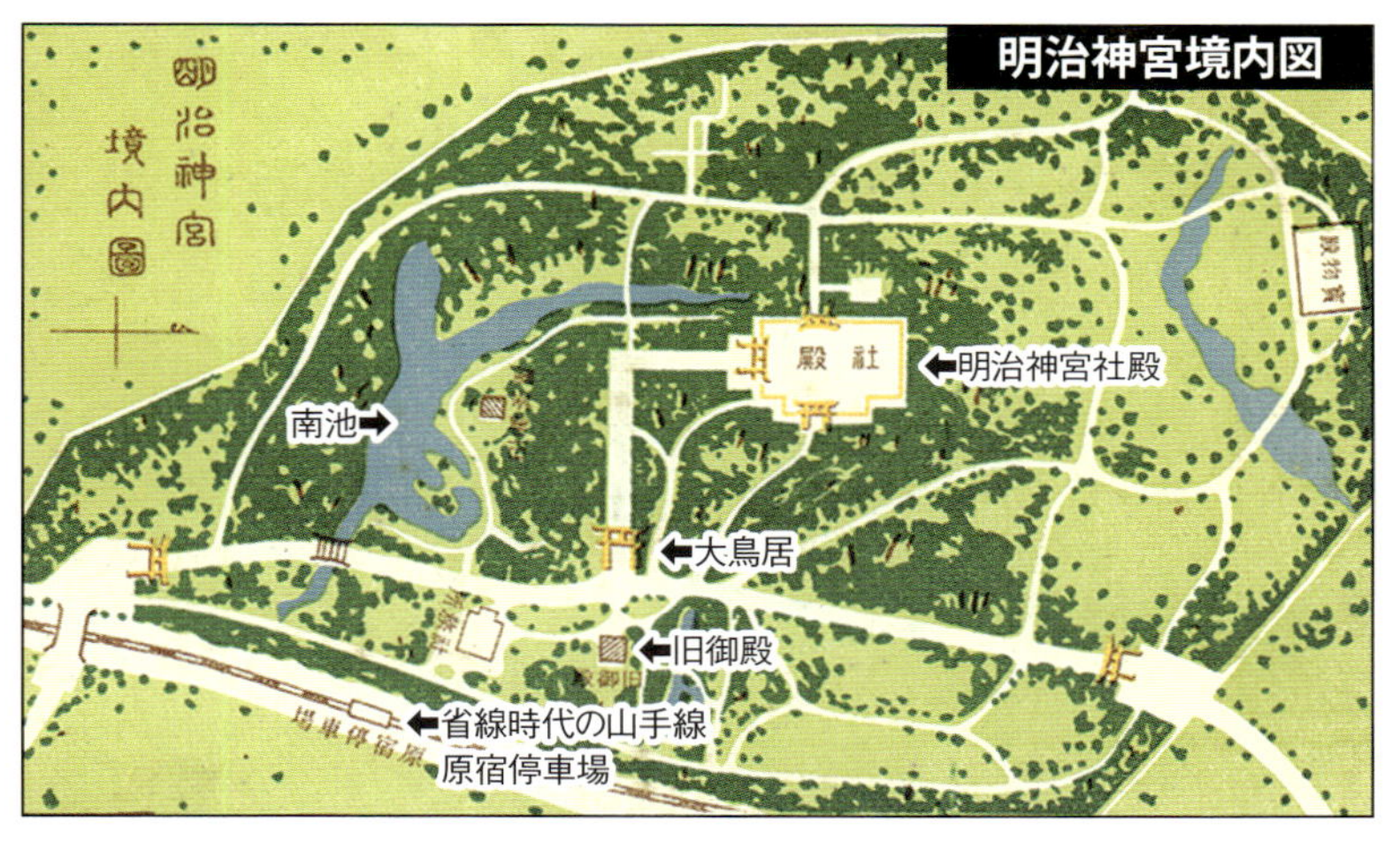

境内の地割はほぼ現在と同じ。今は、旧御殿の位置に社務所が建てられている。当時の絵葉書より。

です。カタログコレクションから専門コレクションに踏み出す第一歩として、ぜひ探してみて下さい。

定常変種の楽しみ（＊定常変種は95ページでも掲載）

定常変種とは、シート毎に、決まった位置の切手に現れる“印面変種”のこと。切手収集の幅を広げる恰好の素材として人気がある。戦前記念切手には、何種類かの定常変種があり、なかにはニックネームが付けられた人気者もある。しかし、地味な変種は切手商の店頭などで丹念に探せば、掘り出しも可能である。

これらの変種は、印刷原版を作成する際に、版面に異物が付着したり、転写が不十分だったために生じた。（❷・❺・❻）は一部のシート（50面）に1枚のみ存在する変種だが、（❶・❸・❹）は一部のシートの、転写単位毎の同じ位置に見られ、その存在比率も高い。図案の細部をルーペで覗きながら、細かな違いを探すのもまた、切手収集の楽しみ。

		定常変種	通常
❶世界大戦平和 1½銭		輪郭模様に小キズ 	
❷皇太子台湾訪問 1½銭		「日」の一部欠 	
❸明治神宮鎮座10年 1½銭		「厘」2画短 	
❹関東始政30年 3銭		S字セリフ細り 	
❺教育勅語50年 2銭		植え込み白抜 	
❻満洲国建国10周年 5銭		下部に白点 	

大正天皇の婚儀

ご在位期間15年、大正天皇の治世は明治時代以降では、最も短いものでした。しかし、近代日本の完成期だけあって、大正天皇に関わる記念切手は、ご婚儀、大礼、銀婚式と3回も発行されています。いずれも有職故実にのっとった、緻密な図案が楽しめる切手です。

嘉仁(よしひと)親王(後の大正天皇)は、明治33年(1900)、九条節子さま(後の貞明(ていみょう)皇后)とご婚儀を挙げられました。御歳22才。これを祝して、4年ぶりに記念切手が発行されました。切手の原図作成には、逓信博物館の樋畑雪湖(ひばたせっこ)が調査を命じられました。時の皇太子のご成婚とは言え、皇室は雲の上の世界、樋畑は有栖(ありす)川(がわ)家や宮内省職員を訪ね、その作成に大変苦心したと記しています。

切手の図案は、皇后冊立(さくりつ)(決定)の折り、「御書(おふみ)」(一般に言うプロポーズの和歌)を入れた「柳筥(やないばこ)」と、婚儀の当夜に寝殿にお供えされる、「三日夜餅(みかよもち)」の盛られた「鶴形台(つるがただい)」です。

「柳筥」は断面三角形の柳材を生糸で編んで作った箱で、中の御書は紅色の紙捻(こより)で結ばれています。「三日夜餅」は、皇孫のご誕生をお祈りする儀礼で、ご婚儀から三日間、枕辺に置かれ夜ごとに箸をつけます。「鶴形台」は白木造りで胡(ご)

【国内用3銭切手のみの発行】 第5回万国郵便連合(UPU)大会議(1897年・米国開催)の条約改正で、「特殊の目的を以て発行された切手」=記念切手は、明治32年(1899)以降しばらくの間、世界的に外国郵便には使えなかった。

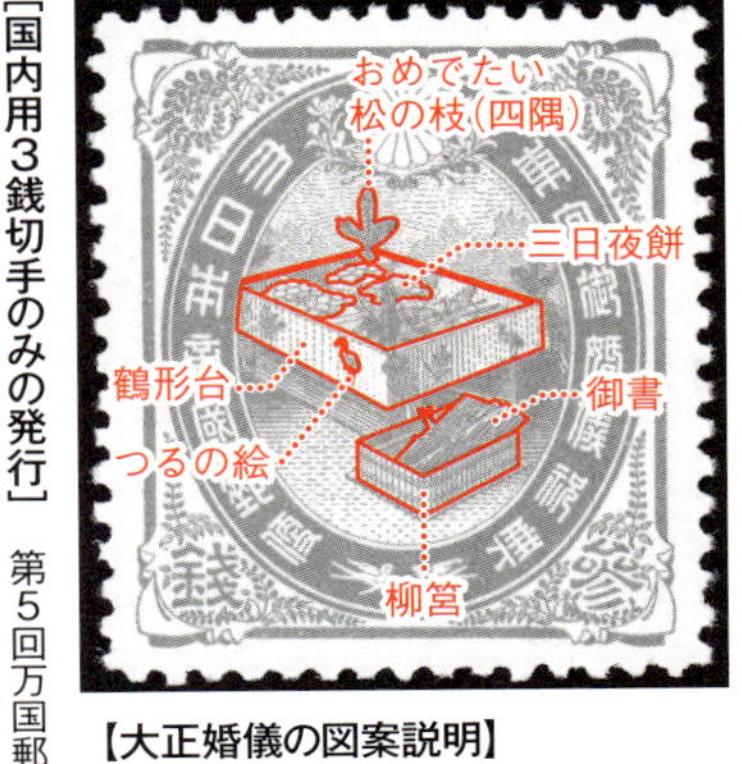

【大正婚儀の図案説明】

大正天皇婚儀紀念

粉（蠣の殻を焼いて粉にし、それをニカワで溶いた白色の顔料）を塗り、松と鶴が描かれています。

切手の四隅には、九条家の家紋にちなむ藤の花。記念名は、篆書で「東宮御婚儀祝典」と入れられています。細かくて分かりにくいようですが、実はどこまでも有職故実にこだわった、正確な図案でした。

この切手も発行数が多く、2ヵ年にわたって印刷されたこともあって、さまざまな使用例があり、また目打や用紙の漉き目方向の違い（縦紙と横紙）など、細かなバラエティが楽しめます。製造数は3650万枚、これは、現在の記念切手の倍近い数字です。なお、そのうち16万枚が、当時の植民地などで使われた〝支那〟〝朝鮮〟字加刷と記録されています。

大正天皇婚儀紀念切手を貼り、初日の丸一型日付印を押した、金銀散らしの短冊。まだ初日カバーの形は定まっていなかった。本例は後のマキシマム・カードの先行事例とも言える。

収集ミニ知識

「大正天皇婚儀紀念」の発行日と消印

切手の発行日は4月28日だが、切手として郵便に使えたのはご婚儀当日の5月10日から。わが国では数少ない〝事前発売〟の例。なお、当時全国の主要郵便局では専用の郵便投入口を設け、期日以前にこの切手を貼って差し出された郵便物には、特に5月10日イ便（第1便）の消印で発送するサービスを行った。初日印押印の先駆的な試み。

Check!

支那加刷・朝鮮加刷

大正天皇婚儀紀念は、「支那」「朝鮮」字入り切手が併せて発行された。これらは、外地との為替差益（当時、内地よりも外地の方が円安だったので、外地で切手購入し差額を得る行為があった）に対応する措置であったが、記念切手では、本例のみである。

大正天皇の即位

即位の大礼は、御代替わりした天皇が神聖性を受け継ぐ儀式。皇室・国家にとって、最大の重儀です。戦前には、大正4年と昭和3年の2回行われました。いずれも4種類の美しい切手が発行されています。

明治天皇の崩御で年号も大正に移り、また昭憲皇太后の諒闇（喪の期間）も明けた大正4年（1915）の秋、大正天皇の即位の礼と大嘗祭が、京都御所で行われました。

切手の発行は4種。国内用と外国用のそれぞれ葉書・封書料金で、外国用の2種は、葉書＝紅色、封書＝青色で、UPU条約で定められた刷色です（UPU条

大正大礼紀念　右上／1銭5厘：大嘗祭で着用される幘　右下／3銭：高御座　左／4銭・10銭：京都御所での即位の礼。紫宸殿の前に多くの幡（ばん）と高官、そして楽人（がくじん）たちが並ぶ。

大禮紀念

紀念郵便切手及繪葉書は來十日より發
賣す但繪葉書の賣捌は郵便局に限る
郵便切手は左記四種類とす
壹錢五厘切手　大嘗祭御冠の圖
參錢切手　高御座の圖
四錢切手　御即位式場の圖
拾錢切手　御即位式場の圖
繪葉書は左記二枚を一組とし代價金拾錢
一即位禮紫宸殿御式場の圖
一大饗宴舞樂太平樂の圖
紀念日附印は來十日より十七日迄
當局に於て使用す
紀念切手貯金臺紙は來十日より
郵便局に於て貯金預ケ人に無料交付す

約色）。このうち、国内用の2種は異図案、記念切手では初めての2色刷でした。

1銭5厘は大嘗祭で天皇が用いる〝幘（さく）〟。纓（えい）（天皇が用いる冠上部の突き出た部分）を折り返し、白絹で束ねた状態の冠をこう呼び、清浄の意を表わします。図案左右上隅は、「左近の桜、右近の橘」（紫宸殿（ししんでん）から見ての左右の植樹、23ページ参照）です。3銭は紫宸殿の中央に置かれ、即位の礼の時に天皇がお座りになる〝高御座（たかみくら）〟。この部分は、その御帳（みとばり）（カーテン）の色で紫色。周囲の橙色は天皇がお召しになる〝黄櫨染御袍（こうろぜんのごほう）〟にちなんでいます。

一方、外国用の2種は同図案ですが重厚です。京都御所で、即位の礼

特　印

特印は「萬歳旗」と左近の桜・右近の橘。台湾以外の内地及び在外局・臨時局計4877局と、樺太・朝鮮・満州の各局でも使用された（右）。また台湾では、別図案の特印（左）が使用された。

大礼記念ポスター
大正大礼紀念切手の発行を知らせるポスター。大極殿左右に飾られる幡（ばん＝旗）を模した縦長。色は黄櫨染、中央に“左近の桜と右近の橘”を併せたデザイン。儀式の雰囲気を良く伝える。

巻纓　文官は纓を後ろに垂らした垂纓（すいえい）。武官は纓を纓挟（えいばさ）みで丸めた巻纓で、後者は機敏な行動に適した形となっている。

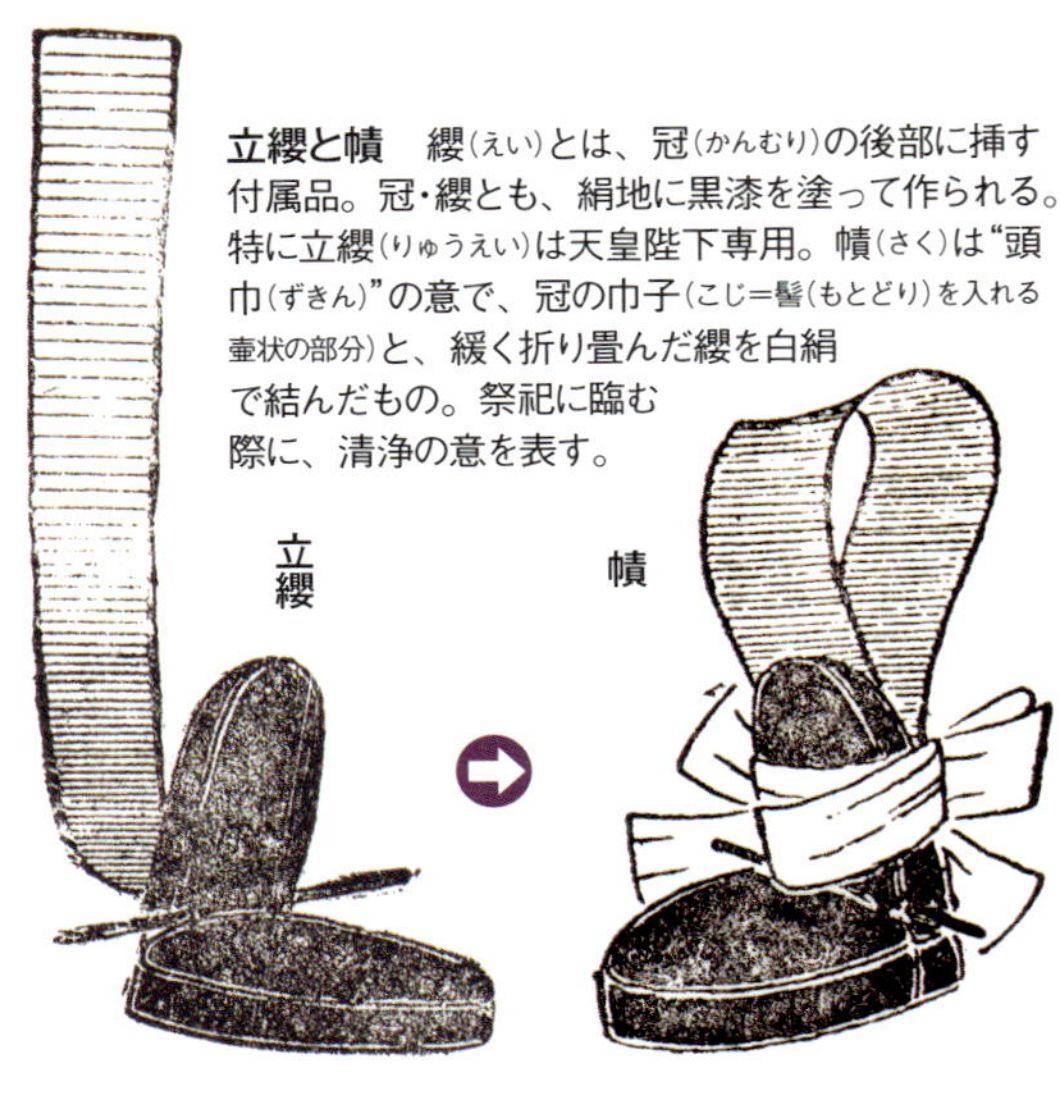

立纓と幘　纓（えい）とは、冠（かんむり）の後部に挿す付属品。冠・纓とも、絹地に黒漆を塗って作られる。特に立纓（りゅうえい）は天皇陛下専用。幘（さく）は"頭巾（ずきん）"の意で、冠の巾子（こじ＝髻（もとどり）を入れる壺状の部分）と、緩く折り畳んだ纓を白絹で結んだもの。祭祀に臨む際に、清浄の意を表す。

が行われている最中を鳥瞰した図です。中央の建物が紫宸殿。その内部に高御座が置かれています。庭上には多くの幡（＝旗）が翻り、高官たちが並んでいます。手前左には火焔台に提げられた太鼓・鉦鼓（＊1）、右には巻纓の冠と闕腋袍に身を正した武官で、ちゃんと弓矢を負っています。

発行数は国内用（低額）2種が各2150万枚、外国用（高額）2種が各200万枚ほど。戦前の記念切手としては、決して少なくない数ですが、当時の切手ブームはすさまじく、早々に売り切れた局が続出したと伝えられています。

＊1　太鼓と鉦鼓：雅楽器の"打ちもの"で、即位の礼では合図の際に使う。雅楽はわが国の宮廷音楽で、三管三鼓二弦＝8種の楽器を使い、世界最古のオーケストラ編成をとる。

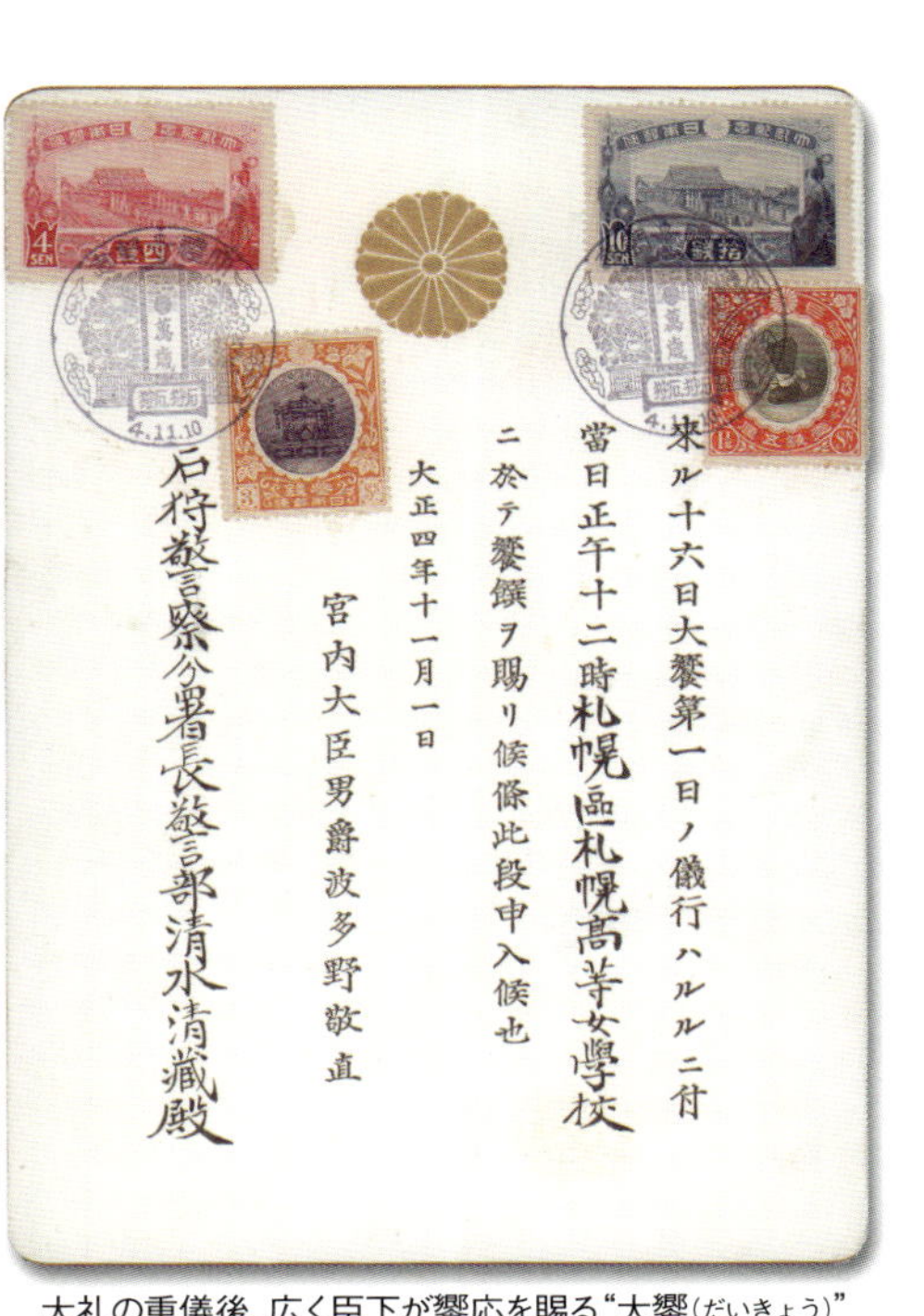

来ル十六日大饗第一日ノ儀行ハルルニ付
當日正午十二時札幌區札幌高等女學校
ニ於テ饗饌ヲ賜リ候條此段申入候也

大正四年十一月一日

宮内大臣男爵波多野敬直

石狩警察分署長警部清水清藏殿

大礼の重儀後、広く臣下が饗応を賜る"大饗（だいきょう）"が行われる。本例は北海道石狩地方で行われた大饗の招待状に、切手を貼り特印を押した記念品。招待を受けたのは地元の幹部警察官の方。

大饗で舞われる太平楽の図。紀念絵葉書より。

「大正大礼」の紀念絵葉書　大正大礼では、４種の切手とともに「逓信省紀念絵葉書」２種が同時に発行され、また全国の一・二等郵便局では紀念特印も使われた。下の絵葉書は、紫宸殿式場を描く美しい石版刷り。紫宸殿の前方左右に小さく「左近の桜」「右近の橘」が見える。秋の大典らしく、左近の桜は紅葉している。

郵便切手貯金台紙

〝切手で貯金ができる〟郵便切手貯金は、庶民に貯蓄の楽しさを大いに普及させた。少額の郵便切手を台紙に貼り付けて郵便局の窓口に出せば、消印の上、切手の合計金額が貯金となる。しかも用済みの台紙は検認のうえ、記念として預け人に戻されるので、ただで切手も収集できる、まさに絶好の制度であった。

制度の開始は明治33年（1900）年。同時に普通切手用の「貯金台紙」が発行されて以来、一般の人々に貯金の習慣を普及させ、また多くの人々に切手収集の面白さを気付かせた。

開始から2年間は、どんな種類・額面の切手を貼り混ぜても良かったが、窓口計算の大変さから、その後は一枚の台紙に貼れるのは同じ額面の切手に限られた。

大正年間に入ると「大正大礼紀念」と「世界大戦平和」の2件、4種類の記念の貯金台紙が発行されている。1銭5厘用と3銭用、それぞれ2種類ずつの記念台紙が作られた。内地用の他に、外地「関東都督府」「朝鮮総督府」銘の台紙もある。

大正大礼紀念貯金台紙（3銭用）。

「朝鮮総督府」発行の貯金台紙の注意書き。日本語とハングルで併記されている。〝日本化政策〟を物語る一資料。

右／大正大礼紀念貯金台紙（1銭5厘用）。いずれも、同一額面の切手20枚を貼り、郵便局の窓口に提出された。

左／大正大礼4種完貼りの貯金台紙。制度上あり得ない使用例で貴重。ちゃんと消印され、裏面には引受日付印欄にきちんと特印が押されている。

震災復興の契機・大正銀婚

明治45年（1912）7月30日、明治天皇は薨去（逝去）され、翌31日に嘉仁親王が践祚（即位）されました。大正時代の幕開けです。明治時代の富国強兵政策で、日清・日露の両戦争に勝利、列強の一員となった日本は、この時代、第1次世界大戦による大戦景気から一転、関東大震災という試練を経験します。また都市部では大衆文化の西欧化も進みました。

■大正天皇銀婚式紀念

大正天皇は、明治12年（1879）のお生まれ、明治33年（1900）にご結婚、お妃の貞明皇后は旧摂家九条家のご出身です。ご即位から14年、帝都東京が壊滅的な被害をうけた震災の翌々年、大正天皇は銀婚式をお迎えになりました。震災の傷跡が未だ癒えきらない当時、天皇はあいにくご病気がちでしたが、銀婚式はまたとない復興の契機です。今までにない

大正天皇御肖像（当時の絵葉書より）
黄櫨染御袍（こうろぜんのぎょほう）に立纓冠（りゅうえいのかん）の正装。

大正天皇銀婚式紀念1銭5厘・8銭 菊花紋章を中心に、松喰い鶴を配す。周囲の25個の星は銀婚にちなんだもの。

特　印
吉祥文「天地長久」

豪華な紀念切手発行の背景には、逓信省の意気込みが感じられます。

発行された切手は、今回も国内・国外向けの葉書・封書用料金4種。葉書用2種の図案は、皇室のご紋章である菊花紋を中心に〝松喰い鶴〟を配したもの。周囲には、銀婚を表す25個の星も巡らされています。松喰い鶴は、左右の鶴＝双鶴が、松の枝を銜えたわが国の伝統的な吉祥文で、鎌倉時代の和鏡の背面に良く描かれています（右下）。一方封書用の2種は、縦長で大型の画面中央に、徳のある天子の象徴である〝鳳凰〟をダイナミックに描いて、瑞雲を配しています。印刷は4種とも、凹版の原板を転写した平版ですが、刷り上がりは上々、細かい線まできちんと表現されています。

注目すべきは、封書用切手（2種3銭・20銭）の広い縁（マージン）部分。まばゆいばかりに煌めく銀色は、アルミニウム粉を混ぜた特製インクによる手刷りです。もちろんわが国初の、豪華な試み、銀婚の祝賀を表しますが、今でも私たちを魅了する美しさを保っています。製造数は、国内用の2種が各500万枚、外国用の8銭30万枚、同20銭20万枚。外国用の2種は、葉書用＝赤黄色・封書用＝橄欖色と、いずれもUPUで定められた色調を遵守しています。

松喰い鶴の和鏡
弥生時代に大陸から伝わった銅鏡は奈良・平安時代に和風化が進み、鎌倉時代には「和鏡（わきょう）」と呼ばれ、多くのデザインを持つものが作られた。

収集ミニ知識

逓信省紀念絵葉書

日露戦争以来の絵葉書ブームが続く中、今回も逓信省紀念絵葉書が2種発行された。天皇皇后両陛下のご肖像、皇居二重橋の写真をそれぞれ絹地に印刷し、1枚ずつエンボス加工した絵葉書に象嵌(ぞうがん=貼り込み)した力作。震災で不発行となった皇太子裕仁結婚式の絵葉書(43ページ)のリベンジである。この葉書には、印刷所銘版の大小、皇居二重橋の写真に写し込まれている石垣の長さなどバラエティがあり、ある程度の努力をすれば見つけることができる。

下の絵葉書(部分・バラエティ)

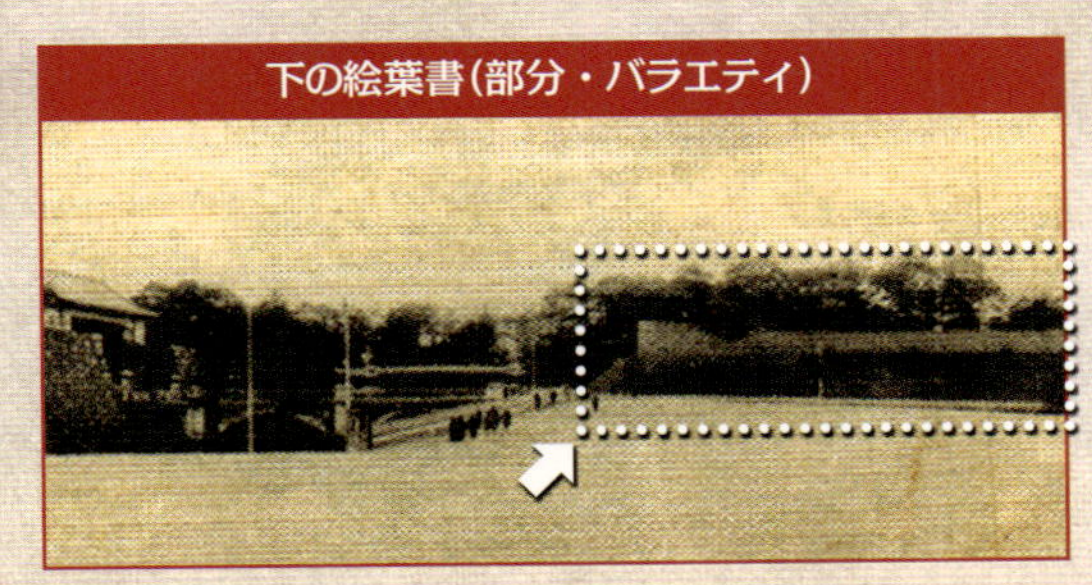

別の絵葉書(部分・普通品)

2枚の絵葉書を同倍率で比べると、石垣の長さが違う。

上／同時に発行された逓信省紀念絵葉書に20銭切手を貼り、特印を押印したもの（本例は左下の銘版が大きい変種）。下／際だった豪華さをほこる３銭、20銭の切手。特に発行数の多い３銭切手は、製造効率を高めるため、旧式の目打機も総動員された。

大正天皇銀婚式紀念３銭・20銭　天子の象徴「鳳凰」と瑞雲。

大正天皇銀婚式紀念切手の目打バラエティ

3銭切手には、他の記念切手には例がないほど、多くの目打バラエティがある。目打とは、切手をシートから切り離すため、四周に穿たれた孔のことで、切手収集の世界では、1インチ（約2・54㎝）に幾つの孔があるかを測って目打数（ピッチ）と呼び、その数を表記する（縦横の目打数が異なる場合は横×縦の順に表記）。

この目打数は、穿孔に使用された機械の型式によって異なるため、そのバラエティが専門収集の対象となる。大正大礼記念3銭切手には、目打数が11、12、12・5という3種の単線目打（Lで表記）と、13×13・5の櫛型目打（Cで表記）が使われた。後者は新型かつ量産用の目打で、最もありふれたもの。

これに対して前者は、縦・横別々に、手作業で穿孔作業が行われたため、時として縦・横の目打がそれぞれ別の機械で穿たれ、縦横の目打数が異なる切手も生じた。とりわけ単線11×12・5は少なく、なかなか見つからない。短期間に多量の切手を製造するために、旧式の目打機が総動員されたためと考えられる。また同じ図案の20銭切手にも、櫛型目打13×13・5の他に、単線目打11があり、こちらは容易に収集できる（ただし、専門カタログにある20銭切手の単線目打12は難物、私は見たことがない）。

C13 1/2×13

L12

L12 1/2

L11×12 1/2（横ペア）

L11

L12×11　L12×12 1/2

L11×12

L11（横ペア）

銀色のマージン（余白）がまばゆいが、センターの良い切手を探すのは少し努力が必要。

Lは単線目打（Line Perf）
Cは櫛型目打（Comb Perf）

裕仁親王、皇太子となる

特　印

特印は内地の1・2等局や外地でも使われ、瑞鳥＝鳳凰を描く(上)。なお、台湾では121局で、宝剣の錦袋を描く異図案のもの(下)が使われた。

皇太子・裕仁親王　装束の衣紋はおしどりの紋。

わが国最初の3色刷り切手を含み、鮮やかで印象的な図案です。10銭切手は、発行枚数が8万6千枚と少なく、切手収集家は〝かんむり〟と呼んで珍重します。

「裕仁立太子礼」は、大正5年(1916)、裕仁親王(後の昭和天皇・当時15歳)が皇太子になられる儀式〝立太子礼〟を記念して発行されました。

裕仁立太子礼紀念
1銭5厘と3銭は立太子礼装束のおしどりの紋。10銭は皇太子がお召しになる冠。

おしどりの紋章

闕腋の袍

立太子礼で着用される闕腋の袍(けってきのほう)(右)と、生地に織り出されたオシドリの紋章(切手の原画となった逓信博物館主任・樋畑雪湖のスケッチ)(左)。

切手は3種、1銭5厘と3銭、そして10銭。

このうち、低額面の2種は同じ図案です。立太子礼の儀式でお召しになる装束〝黄丹色闕腋袍〟に織り出された、羽ばたくおしどりの紋(窠中鴛鴦丸文)を中央に配しています。また、特筆すべきは、最も低額の1銭5厘切手が日本初の3色刷りであること。これは昭和30年(1955)の「国際商業会議所総会」記念で4色刷りの切手が発行されるまで、唯一の3色刷り切手でした。殿下の若々しさをイメージしたと言われる若草色の地色が、凸版とは思えないクリアーな印刷で、中央のおしどり紋をいっそう引き立てています。

3種のうち、最高額の10銭は、三角柱の柳材を編んで作った〝柳筥〟と呼ばれる冠台に乗せた空頂黒幘を描いています。空頂黒幘は、立太子礼の折り、皇太子殿下がお召しになる冠。そのため10銭切手は、通称「かんむり」の愛称で呼ばれ、戦前記念切手では、〝不発行切手〟と〝制定小型シート〟を除けば最高の評価額。まさに〝至宝〟の一枚です。

逓信博物館主任・樋畑雪湖による空頂黒幘(冠)のスケッチ。絹地を黒漆で固めて作られている。切手原図のため、特別に写生を許された。

空頂黒幘之圖

「特印」は、国家的行事を祝って使用される記念の消印。わが国では明治36年（1903）の「UPU加盟25年祝典」（記念絵葉書は発行されたが切手の発行は無し）がその始まり（60ページ参照）。

しかし記念切手の発行と特印使用がリンクするのは、明治39年（1906）の「日露戦争凱旋観兵式紀念」からであった。

それ以降、記念切手の田型（4枚ブロック）に、適合した特印を押した使用済が、記念として作られるようになる。この"特印付き田型"と、記念絵葉書を組み合わせてアルバムに整理すると、色とりどりで豪華なリーフが出来上がる。

私はこの賑やかさに惹

「特印つき田型」収集の魅力

裕仁立太子礼紀念 1銭5厘（3種のうち） 大正5（1916）.11.3 特印は鳳凰。台湾は別図案（30ページ参照）。

明治天皇銀婚式紀念 2銭 明治27（1894）.3.9 まだ特印が使われなかった時代、丸一型日付印で消印。

明治神宮鎮座紀念 3銭（2種のうち） 大正9（1920）.11.1 特印は鎮座の季節にちなむ秋草双鳥（あきくさそうちょう）。

大正大礼紀念 4銭（4種のうち） 大正4（1915）.11.10 特印は左近の桜・右近の橘。中央を境に左右で異なる植物を表現。台湾は別図案（21ページ参照）。

かれて、特印付き田型の収集にのめり込んでいる。特印付き田型は、郵便使用が目的ではなく、記念に作られたものが大半（リメンダー印と呼ぶ）であるため、比較的評価が低く廉価に集められることも魅力。

　戦前の記念切手は、一部を除けば、色調も単色がほとんどで、落ち着いたとび色（青・緑色の例外あり）で押された特印が鮮明に映える。また特印の図案も、切手に劣らず綿密な考証で描かれていて、収集の幅を広げてくれる、楽しみが尽きないマテリアル（郵趣の素材）である。

記念

1921（大正 10）.9.3. **皇太子殿下御帰朝記念**
平版　C12 1/2

「香取」「鹿島」の 2 軍艦

印刷局内朝陽会発行

コロタイプおよびオフセット多色刷 3 枚組 海外御巡航記つき タトウ入り 売価 30 銭

御召艦香取のシルエットと訪問各国の国旗

「特印つき田型」切手と、記念絵葉書を整理すると、カラフルなアルバム・リーフが楽しめる。右はその一例、「皇太子殿下帰朝紀念」切手と、紀念絵葉書のリーフ。単色刷りの切手に鮮明な〝とび色〟の特印が映える。この時には、逓信省紀念絵葉書が発行されなかったので、準公式絵葉書とも言える印刷局朝陽会＊発行の絵葉書を、一緒に収めている。

＊明治9年（1876）、大蔵省紙幣寮の紙幣頭・得能良介が私財を投じて発足させた「補助会」と、職員の福利厚生を目的とする「印刷局職工慰安協賛会」を統合、大正7年（1918）に発足した団体。印刷局の雇員以上を持って会員とした。

神宮式年遷宮記念 3銭（2種のうち） 昭和4（1929）.10.2 特印は遷御（せんぎょ）の際の執物（とりもの）：菅（すげ）と紫の御（おん）さしばに松明（たいまつ）。

皇太子（裕仁）台湾訪問紀念 1銭5厘（2種のうち） 大正12（1923）.4.16 特印は羽ばたく鶴に抱かれた台湾総督府章。緑色のインクが美しい。

世界大戦平和紀念 10銭（4種のうち） 大正8（1919）.7.1 特印は雄羊。大胆な構図が面白い。

関東局始政30年記念 1銭5厘（3種のうち） 昭和11（1936）.9.1 特印は関東州を照らすトーチと菊花・桜花。

教育勅語50年記念 4銭（2種のうち） 昭和15（1940）.10.25 特印は鳳凰（ほうおう）と菊花で囲まれた記念文字。

大正天皇銀婚式紀念 20銭（4種のうち） 大正14（1925）.5.10 特印は吉祥文“天地長久”。

鉄道70年記念 5銭 昭和17（1942）.10.14 特印は創業当時の150形機関車の正面。今も鉄道博物館（大宮）で保存。

昭和大礼記念 10銭（4種のうち） 昭和3（1928）.11.10 特印は大太鼓。火焔飾りは繊細な描写。

皇太子・裕仁殿下のヨーロッパ歴訪と台湾訪問

「富士山よりも高い山が、かつて、日本にはあった…」えっ！トリビア?、と思われる方も多いと思います。戦前、日本が領有していた台湾の「玉山（ユーシャン）」です。戦前の記念切手には、この山もしっかり描かれています。

後の昭和天皇・裕仁殿下は、皇太子時代、皇室外交の中心を担われました。欧州や植民地への訪問は日本の対外的地位の向上と、領土支配の安定を目指す国家的な政策。切手からもその意図が伝わってきます。

特印

皇太子（裕仁）帰朝紀念

お召し艦「香取」（手前）と予備艦「鹿島」（後方）。

「香取」の銀食器。
ナイフ、フォーク、スプーンの洋食器一組。柄には海軍の錨章と「かとり」の文字が彫り込まれている。

「香取」は日露戦争に備え、イギリスに発注して建造された軍艦。竣工は日露戦争後の明治39年(1906)。全長143.3m、排水量15950トン。主・副のアームストロング砲2門を装備。大正12年(1923)、ワシントン軍縮条約で解体された。訪欧艦隊の「お召し艦」で、香取神宮には船首の菊花紋章が保存されている。

■皇太子殿下帰朝紀念

第一次世界大戦の戦勝国として、その地位を対外的にも固めた日本にとって、列強を視野に入れた皇室外交は、国の品位を高めるための大切な政策でした。大正10年(1921)3月からの皇太子裕仁(ひろひと)殿下(後の昭和天皇)の訪欧は、まさにその好機でした。現在のように飛行機などない時代、軍艦「香取(かとり)」をお召し艦に、軍艦「鹿島(かしま)」を供奉(ぐぶ)艦(予備艦)としてのご渡航です。途中エジプトに立ち寄られ、5月にロンドン着、その後フランス、ベルギー、オランダ、スペイン、イ

軍艦香取船上にて、欧州に向かう皇太子殿下(中央)と閑院宮殿下(右端)。
提供：読売新聞社

上／裕仁殿下の巡遊経路地図。当時の絵葉書より。
下／ロンドン・ウインブルドン宮殿に向かう裕仁殿下。当時の絵葉書より。

「鹿島」は「香取」と同時に建造、解体の運命を辿った同型艦。煙突の配置を始め細部が異なる。皇太子殿下の訪欧艦隊では旗艦(きかん)を担った。香取・鹿島とも、艦名は武勇の神を祀る香取神宮(千葉県)・鹿島神宮(茨城県)に由来する。

タリアを歴訪し同年9月にご帰国。本格的な皇室外交のスタートでした。

切手はご訪欧からの帰朝(帰国)をお祝いしての発行です。発行決定が遅かった(7月16日)こともあって、図案決定まで何とわずかに2日。まず凹版で原版を作って印刷、それを量産の可能な平版に転写して本刷り、8月20日頃には印刷が完了していたと伝えられています。これは、異例な早さです。しかも日本切手最初の平版印刷。凹版からの転写による細かな線の潰れはありますが、細かな線描のモチーフは良く描かれています。軍艦は、2本の煙突の間隔が狭い手前の艦が「香取」、奥の艦が「鹿島」、いずれも英国で建造されました。

発行は国内外用の葉書、封書用で合計4種。外国用の2種はUPUの条約色で、鮮やかな赤と青で刷られています。発行当時は、国をあげての奉祝ムード、宮内省が各国への返書に使うため、逓信省が多量に献上したこともあって、特に高額2種は当日完売の局が続出し、当時の収集家はその入手に苦労したと語り継がれています。

■皇太子殿下台湾訪問紀念

裕仁殿下は、皇太子時代から積極的に公務に当たられました。訪欧後の大正10年には、大正天皇のご病気をうけて摂政(せっしょう)に就任、大正12年(1923)には日本領であ

皇太子(裕仁)台湾訪問紀念

台湾・阿里山から望んだ新高山。

特印

特印には他に例を見ない緑色のインクが使われた。

台湾総督府発行の紀念絵葉書（３枚組のうちの１枚）。筏式帆船が浮かぶ海上風景。青空に沸き立つ入道雲が、熱帯の海の雰囲気を良く伝えた名品。特印は屏東局、日付は発行初日（16日）。

った台湾を、皇族として初めて訪問されました。台湾は日清戦争で明治28年（1895）に日本の領土となり、その後サトウキビ生産などの殖産政策がある程度の成功を見せて治安も安定、台湾総督府が置かれて統治に当たっていました。

切手は、その総決算とも言える皇太子殿下の台湾視察を記念、時の総督・田健次郎（逓信大臣から転身）が、特に上京して発行を働きかけたものでした。図案は、帝国議会で上京中の総督府関係者のもと、逓信博物館主任・樋畑雪湖がその場ですらすらと書き上げたスケッチが、素案になりました。図案は、樋畑も登山した台湾・阿里山（アーリーシャン）から望んだ新高山（ユーシャン・標高3952m）の雄姿で、その左右には祝意を示す月桂樹が配されています。この山こそ、戦前日本の最高峰。富士山よりも200m近く高かったのです。印刷は凹版、名工森本茂雄の作品です。〝黄丹色〟（皇太子専用の装束の色）の1銭5厘と、紫色の3銭。2種の切手からは彫刻の繊細さが読みとれます。

切手の発行は、当初の予定から1週間遅れましたが、殿下が台湾・基隆に上陸される日とされました。カタログでは、この切手を一般記念切手の項で扱いますが、実は、その売り捌きは台湾総督府管内のみ。いわば、元祖「ふるさと切手」とでも言えましょう。この切手も、国内と日本の植民地間の郵便に限り有効で、国際郵便には使用できませんでした。

「台湾行啓*」の記念特印

菊花紋章の外枠内に羽ばたく鶴と台湾総督府の府章（マーク）を描く記念特印。印色の緑が美しいが、鮮明に押印されたものを探すのは意外に大変。

皇太子殿下は当時御歳21歳。大正12年（1923）4月16日基隆（キールン）港に御上陸後、台北（17・18日）→新竹→台中（19日）→台南（20日）→安平→高雄（21日）→屏東（22日）→お召し艦「金剛」で澎湖（ポンプー）島（23日）→基隆（24日）→北投温泉（25日）→台北（26日）→再び基隆港に至り「金剛」に御乗船（27日）、そして帰途に着かれた。

交通不便な東海岸を除き、台湾ほぼ全島を巡られるという、12日間でかなりの強行軍であった。特印は、行啓途上の各都市の郵便局（179局）で使用され、台北、台南などの「御泊所」には〝特設郵便局〟が設けられ、ご滞在の当日には特印も使われた。

＊天皇陛下のお出かけを〝行幸（ぎょうこう・みゆき）〟と呼ぶのに対して、皇后・皇太后・皇太子・皇太子妃のお出かけは〝行啓（ぎょうけい）〟と呼ばれる。

基隆　4月24日

淡水　4月18日

雙渓　4月16日

測天島　4月23日

鳳山　4月22日

恒春　4月27日

お召し艦「金剛」が発行した絵葉書で、図案は台湾訪問時の皇太子とお召し艦「金剛」。特印は行啓途上の各都市の郵便局と、皇太子宿泊施設の臨時郵便局で押印。

皇太子裕仁結婚式

明治4年（1871）、わが国で初めて切手が発行されて以来、日本切手の種類は約7500種（南方占領地などの外地と、切手帳を除く）。切手収集家ならば、いつかその全てを完集したい…そんな夢を抱いた方も多いはずです。かく言う私も、この夢を追って半世紀…カタログに採録され、メインNo.を与えられた切手は、あと9種！というところまで、辿り着きました。

しかし、これからが難関。特に記念切手には、この「不発行切手」4種が含まれているのです…

切手は大正12年（1923）11月、国を挙げての慶事、東宮殿下と、久邇宮邦彦王の第一皇女・良子女王のご婚儀をお祝

特　印

祝典で使われる銀の箸置き

皇太子裕仁結婚式紀念（不発行）　先行して南洋諸島に送られていたものが、急遽戻された。1½銭・3銭は凸版と凹版の組み合せで2色刷り。8銭・20銭は凹版1色刷りで額面以外は同図案だが、20銭の方が横寸法が0・5ミリ程短い。4種類のうち、8銭が特に少なく、20銭がこれに次ぐ。

いするために準備されたものでした。東宮殿下は大正天皇の第一皇子、幼少期のご称号は「迪宮」、諱は「裕仁」殿下、後の昭和天皇です。

納采の儀（ご婚約）は、3年も遡る大正9年（1920）、元服礼の後でした。途中「宮中某重大事件」も起きましたが、殿下の強いご意思から大正11年（1922）6月には大正天皇の勅許が下り、ご婚儀は大正12年（1923）11月と決定、国を挙げての慶事に向けての準備が始まりました。

逓信省では記念切手と、記念絵葉書の発行を計画します。切手は、国内・国外それぞれ葉書・封書用の計4種と、2種1組の記念絵葉書でした。

切手の印刷は印刷局が担当。用紙は皇太子専用の装束の色味「黄櫨染」を再現して、特製の「黄色着色紙」を用意。柔らかい色合いで高級感があります。図案は国内用の低額2種（1銭5厘・3銭）が、霞ヶ浦から望む筑波山。外国向けの高額2種（8銭・20銭）は、仮御所（お住まい）となる霞が関離宮の前景を描いています。

この4種の切手、それまで発行された切手に比べて、特製の用紙以外にも幾つかの特徴があります。

（1）まず低額2種と高額2種で図案が異なります。国内用の2種は図案中央のみが凹版、外枠が凸版の2色刷りであること。これに対して高額2種は凹版の一色刷り。（2）全ての切手が、その頃普及していた櫛型目打ではなく、旧式の単線目打であること。そして、（3）他に例を見ない16面シート（8枚×2枚）であること、などです。

低額2種のように中央の図案に凹版を用い、周囲を窓枠状に凸版印刷で二色刷りとした切手は、戦前切手の中で唯一の存在。これは当時の欧米で流行した〝窓枠状図案〟の記念切手に似ています。伝統の上にも進取の気風を取り入れたいと言う、逓信省の祝賀に向けての意気込みが感じられます。異例の16面シートは、コンパクトな寸法にして、南洋諸島への輸送の便を図るための工夫といわれます。この特別仕様のため、単線目打機を再登場させざるを得なかったのかも知れません。

しかし、中央にあしらわれた図案は意外に地味です。記念絵葉書に添えられた解説によれば、低額2種は「関東の名山筑波の雙峰を畫き陰陽兩儀とこしへに動きなき

アメリカ・1913年発行　パナマ太平洋博覧会10セント。サンフランシスコ湾発見の光景。当時流行した「窓枠状図案」の一例。

を壽福し」と、まるで神社祭式の祝詞文さながらです。

また、高額2種は「霞ヶ関なる東宮假御所の前景を拝寫したり」とあり、こちらも解説を読まなければ分からない、印象が薄い図案です。

筑波山の〝双峰〟には、伊邪那岐（西峰＝男体山）、伊邪那美（東峰＝女体山）＝夫婦和合の2神が祀られ、中腹に鎮まる筑波山神社の奥宮とされています。私の自宅からも、遥か遠くに秀麗な双峰が望めます。東関東の皆様には印象深い風景ですが、

紀念絵葉書1　２種一組で、一つは東宮殿下ご夫妻の肖像を絹地に印刷、金色の畳文様地の葉書中央に象嵌（貼り込み）。２種ともそれぞれに低額切手を貼り、使用中止となった特印を押したもの。特印のデザインは、祝典当日に使われる予定だった銀の箸置き“対鶴（むこうづる）”の図。日付は大正13年（1924）１月26日で、次年に延期された祝典の当日。

全国的にはかなりローカルな感が否めません。要は、末永く睦まじい吉祥図案としての選定です。また、折角の凹版印刷の部分は今ひとつ小さく、迫力がありません。

一方、高額2種は霞ヶ関離宮の前景、こちらもあまり馴染みがない図案です。この離宮、旧福岡藩黒田家邸で、かつて現在の国会議事堂の南前庭付近にありました。東宮殿下は大正10年（１９２１）からお住まいで、ご婚儀後も仮御所となりました。今はその片鱗もなく、僅かに一部の建物が、静岡県掛川市に移築保存されています。

窓枠状の文様は、低額2種が祝意を示すオリーブの枝と菊花紋章、どこか「世界大戦平和紀念」と似ています。また高額2種は、宮殿の一部を模した円柱で、これまたギリシャ風で斬新ではありますが、何故ここに、という感じが拭えません。

同時に準備された絵葉書が凝りに凝った図案で、非常に丁寧な作りであるのに

紀念絵葉書２　もう一つは「贈書(ぞうしょ)の儀」の「御書使(おふみづかい)の図」。絹地に印刷されて絵葉書の中央に象嵌。傍らに御書をいれる柳筥(やないばこ)を配し、地には夫妻が着用される装束の地文様「海松(みる)、雲立涌(くもたてわく)」をあしらう。「御書使の図」は、秘蔵の絵巻を当代の著名画家・松岡映丘(まつおかえいきゅう・明治15年(1888)〜昭和6年(1931))に“拝冩(はいしゃ)”させた力作。贈書の儀は、御婚儀前日にお互いに和歌を贈りあう儀式。この和歌を御書(おふみ)と呼び、紅色の薄葉(うすよう)紙に和歌がしたためられ、柳筥(やないばこ＝「大正天皇御婚儀紀念切手の図案でお馴染み)に納められ、御書使によって届けられた。束帯(そくたい)の衣紋(えもん)の描写や、膝行(しっこう)の作法も正確。

比べると、何か釈然としないのは私だけでしょうか。

しかし折角準備されたこれらの切手と絵葉書は、ご婚儀の2ヶ月前、大正12年（1923）9月1日、帝都東京を襲った関東大震災で印刷局が被災、印刷原版もろとも灰塵に帰してしまいます。

逓信省は、最早期日までに再度印刷するのは不可能と判断、ついに発行の中止を決断しました。

しかし震災直前（8月26日）、南洋諸島に向けて送られた僅かな切手と絵葉書は無事であることが判明、これが急遽東京に戻されて、限られた数が絵葉書と共に公式な記念品として、東宮殿下ご夫妻をはじめ、関係者に贈呈されたのです。その数は僅か一千組と言われています。

この時、絵葉書に添えられた逓信省の説明文には、震災で発行を断念した経緯と、それでも僅かな数を記念品として後世に残したいと言う、無念の思いが綴られています。

贈呈
逓信省

皇太子殿下御結婚ニ付紀念郵便切手四種及紀念繪葉書一組ヲ發行シ全領土内郵便局ヲシテ紀念日附印ヲ使用セシメ以テ一般的奉祝ヲ爲サントスルノ計畫ヲ樹テタルカ略其完成ヲ見ントスルニ當リ昨秋九月一日ノ震火ニ遭遇シ製作工場全燒原版ノ復活容易ナラサルカ爲メ遂ニ本計畫ヲ中止スルニ至レリ茲ニ紀念トシテ寄贈スルモノハ大震以前既ニ南洋諸島ニ送付シタルモノニシテ其數量極メテ少キモ以テ本紀念計畫ヲ後世ニ傳フヘキ好個ノ資料タルコトヲ得ン乎

祝典関係者に贈呈された紀念絵葉書に添付された「説明書」と「贈呈」の短冊。清水の舞台から飛び降りる覚悟で購入。これで未集の日本切手は、あと7種になりました。「説明書」と「贈呈」の短冊まで一式が揃っている例は貴重。市場には南洋諸島（パラオ、ヤルートほか）の特印を押した例も見かけるが、こちらは非公式なものといわれる。

皇太子裕仁結婚式紀念の完全シート

切手収集家垂涎の的、未発行切手の完全シート。郵政博物館の収蔵品。

南洋諸島に送る便宜を考慮したと言われる16面のシート構成で、わが国の切手では唯一・特異。特殊なシート構成・サイズのため、当時普及していた櫛型目打機が使えず、旧式の単線目打機を使っている。単線目打とは、手作業で縦列・横列の目打をそれぞれ穿孔する目打型式で、切手四隅の孔が均一に揃わないのが特徴。この切手に使われた単線12目打は、明治25年（1892）に出現、U小判～菊切手時代には大いに使用されたが、田沢（大正）切手が発行されて間もない大正4年（1915）頃には激減し、切手四隅の孔が綺麗に揃う櫛型目打が一般的となって現在にまで続く。

このシートは、郵便史を語る資料である以上に、文化財としての意義がある貴重なマテリアルである。

郵政博物館所蔵。

昭和天皇裕仁の即位

関東大震災から5年、帝都復興も軌道に乗り、国力も再び伸び始めます。その繁栄を牽引した慶事に「昭和大礼」がありました。切手は4種。いずれも落ち着いたデザインで精緻な凹版印刷。国力の安定を感じさせます。

「昭和大礼」は、裕仁殿下（当時27歳）が昭和天皇として正式にご即位された儀式で、大きく〝即位の儀〟と、天皇の即位を神々に奉告する〝大嘗祭(だいじょうさい)〟に分かれます。大正天皇崩御の喪が明けた昭和3年（1928）11月に挙行、同時に4種の記念切手が発行されました。

特印
火焔大鼓に金鵄(きんし)

低額2種は国内の、高額2種は外国向けの、いずれも葉書と封書料金です。葉書用2種の図案は〝高御座(たかみくら)〟

昭和大礼記念
1銭5厘と6銭は高御座の屋根飾りである鳳凰。3銭と10銭は大嘗宮正面で、右が悠紀殿、左が主基殿。

の屋根に飾られた〝鳳凰〟、封書用は大嘗祭の行われる〝大嘗宮〟を正面から描いています。

切手の版式は彫刻凹版。ルーペで覗くと、左右神殿の屋根に聳える千木の先端の切り方の違い（右：悠紀殿＝水平、左：主基殿＝垂直）まで、正確に描かれていることがわかります。用紙は、天皇がお召しになる装束「黄櫨染御袍」や、御告文に用いられる鳥の子紙の色合いを模した、特製の黄色着色紙が用いられています。また、それまでの「紀念」の文字が「記念」に改められたのも、この切手からでした。

繊細な用紙の風合いと、刷色の組み合わせの美しさは、戦前記念切手の品格を示しています。

高御座（たかみくら）の鳳凰
高御座は、即位の儀が行われる紫宸殿の中央に安置され、即位の儀でここに天皇が登壇、即位を内外に宣言される。高御座の屋根の頂上に飾られるのが〝鳳凰〟。鳳凰は古代中国から伝来した想像上の〝瑞鳥（ずいちょう）〟＝おめでたい鳥。徳のある天子の象徴として尊ばれる。当時の絵葉書より。

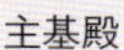

Check!

千木部分の拡大

主基殿　悠紀殿

大嘗宮(だいじょうきゅう)　大嘗祭で天皇が神事を行う仮設の殿舎。悠紀殿＝東、主基殿＝西の２棟の神殿と、その北面に建つ廻立殿(かいりゅうでん)で構成される。即位の儀で国の内外に即位を宣言された天皇が、神々の来臨を仰いで饗応し、神性を戴くための祭儀を斎行(さいこう)される。大正・昭和の大礼の時には、京都御所内の仙洞(せんとう)御所庭内に設けられ、祭儀の後には数日間一般の拝観を許し、その後撤去された。当時の絵葉書より。

記念切手＋逓信省記念絵葉書＋特印の収集

戦前の記念切手には、しばしば「逓信省記念絵葉書」が同時発行されている。昭和大礼の記念絵葉書は、２種セット中の１枚が木版多色摺りで、極彩色の美しい図柄。豊明節会(とよのあかりのせちえ：大礼後の饗宴)で舞われる〝五節(ごせち)の舞姫〟を描く。この絵葉書に切手を貼り、特印を押したマテリアルは、未使用切手と一緒にアルバムに飾ると非常に美しいコレクションとなる(33ページ参照)。

昭和大礼の記念絵葉書に記念切手を貼り、特印を押印。右の絵葉書は舞姫の袖が白抜きの変種。

逓信省発行「昭和大礼記念絵葉書」の楽しみ

逓信省発行の記念絵葉書には、〝日本式木版〟で印刷された絵葉書が4種類ある。最初は明治42年（1909）発行の「英国艦隊歓迎」、次いで大正4年（1915）発行の「大正大礼」、また大正7年（1918）の「世界大戦平和」、そしてここで紹介する昭和3年（1928）発行「昭和大礼」の記念絵葉書がそれ（他に台湾総督府、樺太庁発行の記念絵葉書も各1種類ずつある）。

〝日本式木版〟とは、浮世絵の普及とともに江戸時代に発達した、美術絵画を量産印刷するための技法で、江戸時代には歌舞伎役者や大相撲の人気力士のブロマイド、また東海道五十三次の鑑賞画などが盛んに摺られ、売られた。それまで、支配者層の特権であった美術品鑑賞を、庶民層にまで普及させたと言う意味で、美術史上の意義も大きい。

木版画の制作は、原画を描く「絵師」、木版を彫刻する「彫り師」、そして色とりどりの顔料を調合して美しく刷り上げる「摺り師」の共同作業、まさに〝職人技〟の世界である。

江戸時代後期には技術的な到達点を極め、明治時代にも写真が普及するまでは、新聞や雑誌の挿図として盛んに利用された。しかし、時が移り需要は低迷、職人も減少し…こうした状況下での木版摺り記念絵葉書の発行は、大変な作業であった。中でも「昭和大礼記念」の〝五節の舞姫〟（注・52ページ）を描く絵葉書は、華やかな色彩で、構図も細かく、傑作といえよう。

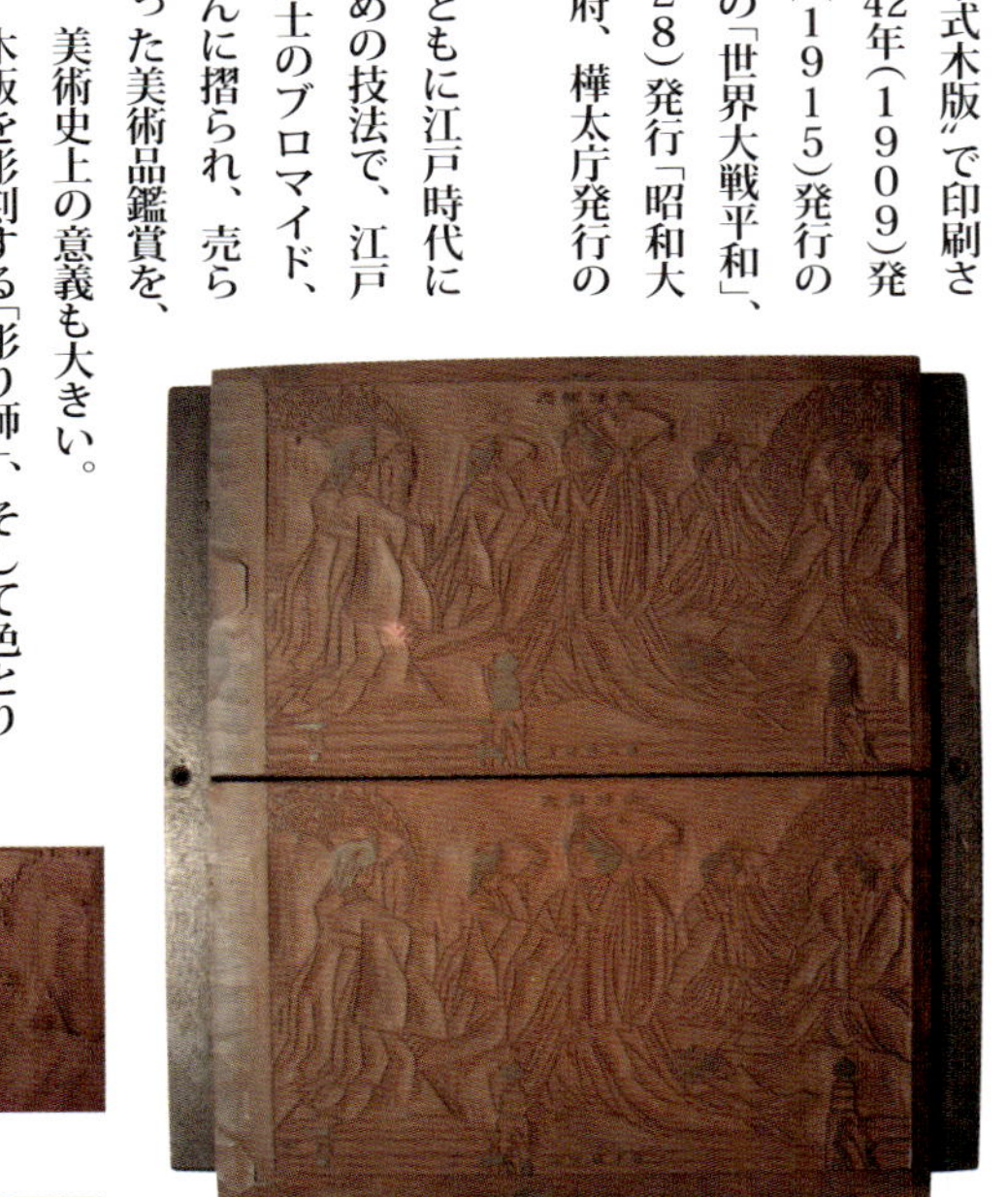

原版木の状態。1版で2枚を摺ることができる。郵政博物館所蔵。

各地から500～600人の職工が集められた。

6版：火エン（火焔）

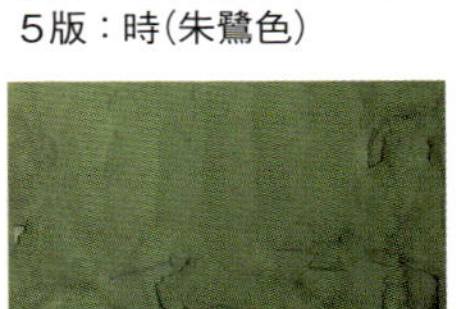

5版：時（朱鷺色）

12版：紅

11版：草

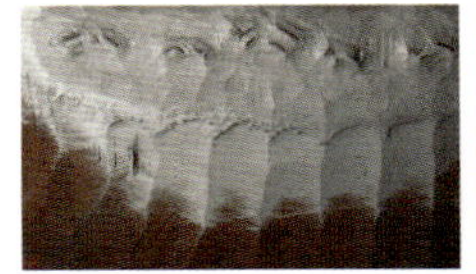

18版：銀

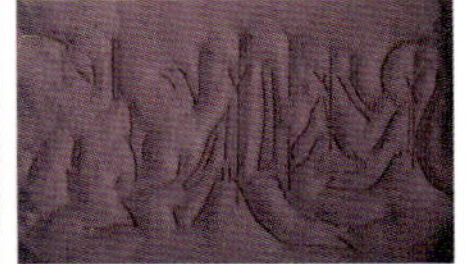

17版：袖藤

逓信省発行記念絵葉書（２枚組）から「五節の舞姫」を木版画で描くもの。木版印刷した薄手の和紙を厚手の和紙に貼り付ける。手仕事による丁寧な仕上げは絵葉書のなかでも秀逸な品。下は刷色別の版木。

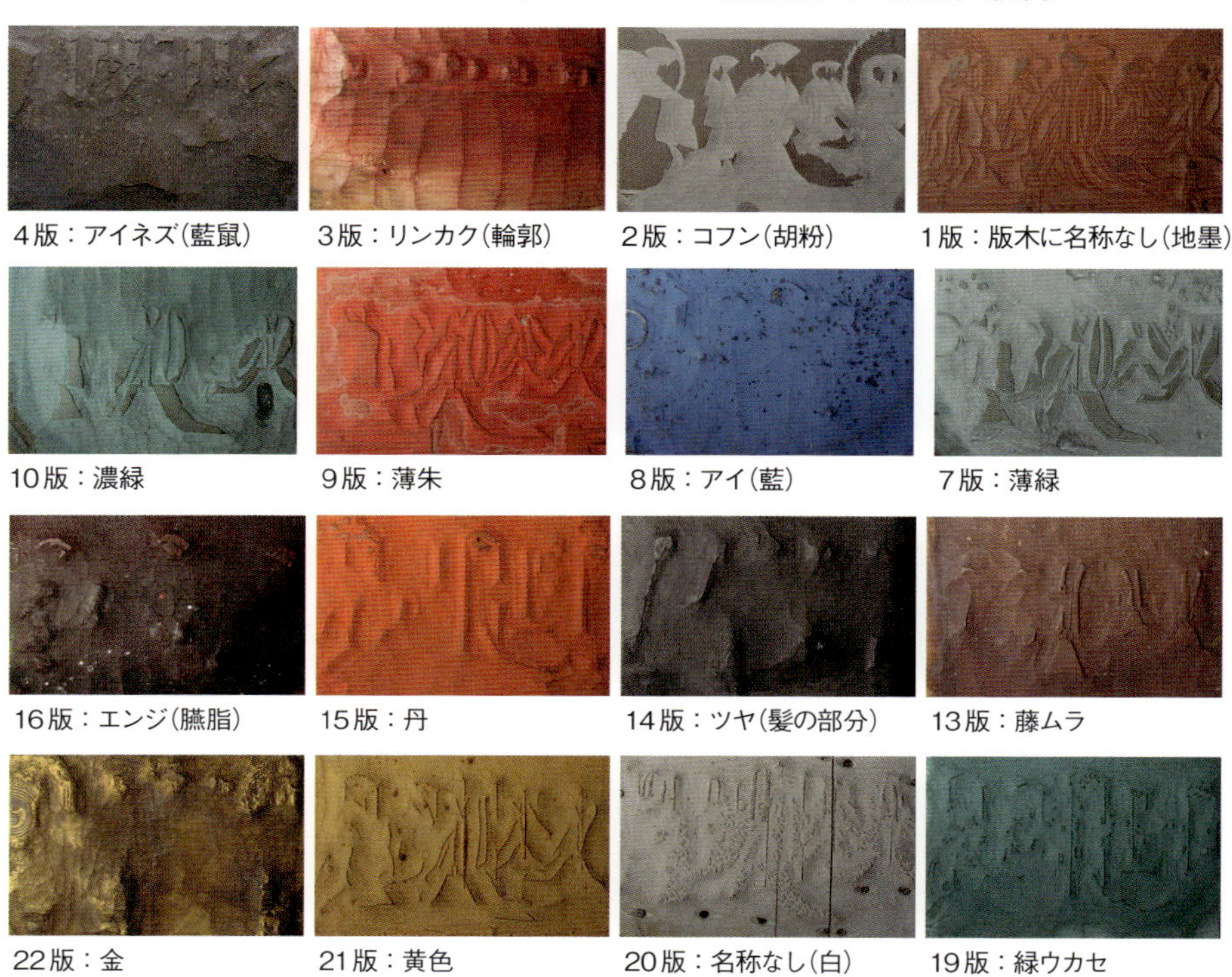

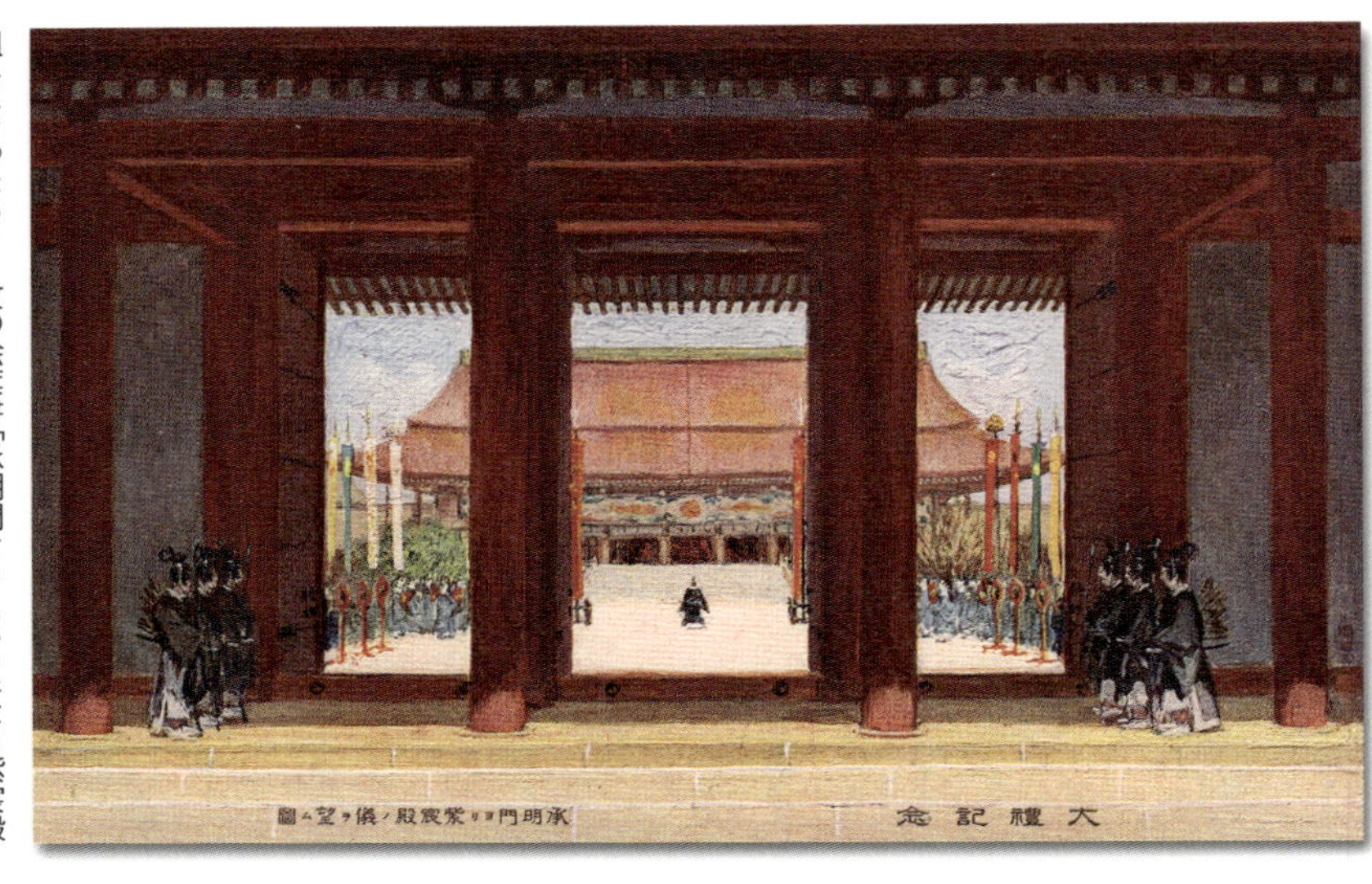

組みになったもう1枚の絵葉書「承明門（じょうめいもん）より紫宸殿の儀を望むの図」。天皇は殿内の高御座にあって、臣下の祝辞を受けられる。

この絵葉書のために用意された刷色別の版木が、郵政博物館に保存されている。その数何と22版（枚）！…つまり1枚の絵葉書を摺り上げるために、何と22回もの〝摺り〟の作業が必要なのである。

木版画は、絵画量産のための技法、とは言っても作業による版の摩耗が激しく、1枚の版木で摺ることができる枚数には限度がある。そこで、同じ色の版を何枚も彫り、また大勢の摺り師を動員して〝摺り〟の作業を行い、更に摺り上げた薄い和紙を乾燥、厚手の紙に皺なく貼って、最後に四周を截って仕上げる。しかもこの絵葉書、発行数は何と132万8千組！

まさに気の遠くなるような作業であったはずだが、国家の慶事だけに、一枚一枚の仕事は極めて丁寧で、致命的なエラーはほとんど知られていない。ただし、手作業ゆえの色調の変化や、細かな版毎の彫りの違いなどはかなり多彩で、絵葉書収集家にそれらを探す楽しみを与えてくれている。

（注）〝五節の舞〟とは、即位大礼の後に行われる大嘗祭、または毎年の新嘗祭（にいなめさい）の最終日に行われる〝豊明節会〟で披露される舞。〝大歌〟に合わせて5人（新嘗祭は4人）の舞姫が檜扇（ひおうぎ）を持って舞う。古来、公卿（くぎょう）や殿上人（でんじょうびと）の子女から選ばれ、生涯の名誉とされた。〝豊明節会〟は、臨席する天皇から白酒（しろき）・黒酒（くろき）が振る舞われ、直会（なおらい・神事が終わっての酒宴）的な性格がある。

2枚組みの絵葉書には解説書が添えられ、盾（たて）と瑞雲（ずいうん）を描くタトウに納めて発売された。売価は10銭。

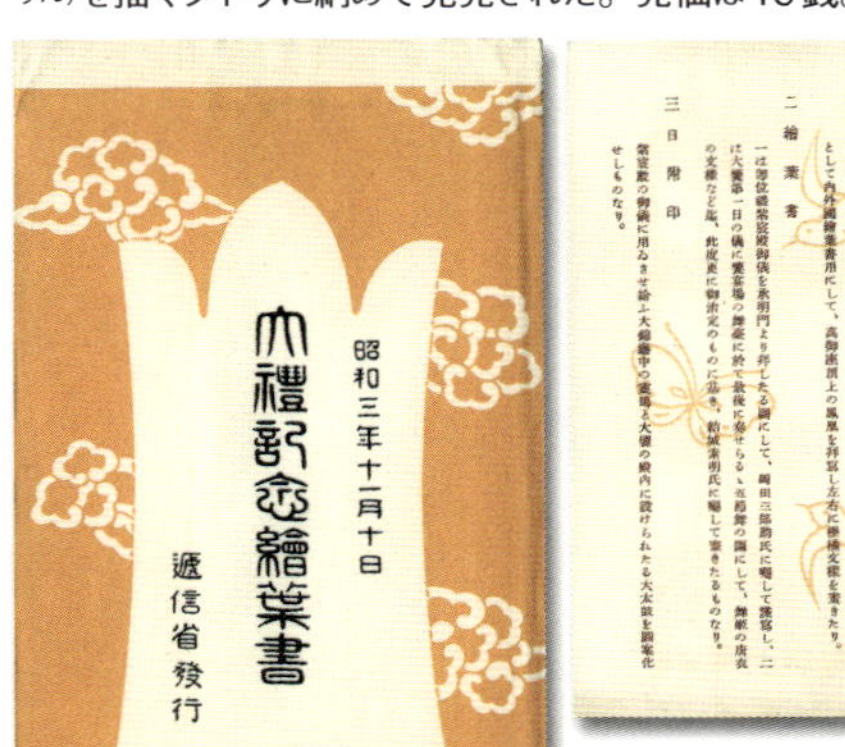

第二章

戦争の時代

日本の歩みを決定づけた日清戦争

「日清戦争」は、近代日本が初めて経験した対外戦争でした。その勝利は国民を大いに沸かせました。わが国二番目の記念切手には、あの小判切手の原画作者、エドアルド・キヨッソーネが描いた肖像画(左)が採用されました。

有栖川宮熾仁親王

明治27年(1894)8月、宣戦の詔勅で始まった日清戦争は、近代日本が初めて体験した、本格的な対外戦争でした。日本は破竹の勢いで朝鮮国内の清国軍を圧倒、黄海海戦での勝利から旅順、大連を占領、翌年2月には遼東(りょうとう)半島を支配下に収め、台湾占領へと向かいました。戦いは4月に調印された日清講和条約(下関条約)で終結、日本は清

日清戦争勝利紀念
右ページ/有栖川宮熾仁親王。
左ページ/北白川宮能久親王。

北白川宮能久親王

国から遼東半島・台湾・膨湖（ほうこ）島を手に入れました。本格的な領土拡張のはじまりです。

切手は、開戦2年目の8月1日の発行。わが国で2回目の記念切手です。図案は、勲功のあった2人の皇族、陸軍大将の有栖川宮熾仁（ありすがわのみやたるひと）親王と、陸軍中将北白川宮能久（きたしらかわのみやよしひさ）親王です。熾仁親王は、日清戦争の参謀総長・幕僚長として広島の大本営に赴く途中に、また能久親王は近衛師団長で、戦争後期に台湾上陸の直後、いずれも病死された方です。皇族の肖像を消印で汚す切手に描くとは！　世論の批判は大変なものでした。しかし、肖像切手の発行は欧米一流国での常識、時の逓信大臣はじぎじき明治天皇に口頭で奏請して、許可を得ました（樋畑雪湖『日本郵便切手史論』）。

対外向けを意識（UPU条約色）して、国内外用の封書料金、合計4種の発行ですが、図案に記念名がないだけでなく、発行を告示した官報にも正式名称はありません。これは外国の対日感情を意識した処置と言われ、当時は「戦捷（せんしょう）紀念」とか「両殿下紀念」の〝通称名〟で呼ばれました。印刷は、近代技法による切手では初めての彫刻凹版（＊1）、一本一本の線が力強く繊細です。2年間に分けて印刷が続けられたため、目打バラエティが多く、専門収集では大いに楽しめます。

5銭切手下部の紋章。上／有栖川宮家の家紋、下／北白川宮家の家紋（一般宮家用）。

＊1　一つの彫刻原版を工学的な技術で複写し、印刷原版を作成する技術。手彫切手の場合は、印刷原版を一枚一枚手で彫った。

日清戦争勝利紀念のシートと使用済

日清戦争勝利記念切手のシートは、横10×縦2＝20枚ブロックを5組、縦に積み重ねた形の変則的な構成。各20枚ブロックの間には耳紙があり、収集家はこの耳紙を挟んだ縦続きの切手を、〝ガッター・ペア〟と呼んで珍重する。売りさばきの便宜とも考えられるが、製造に手間がかかるためか、このシート構成は今回のみとなった。

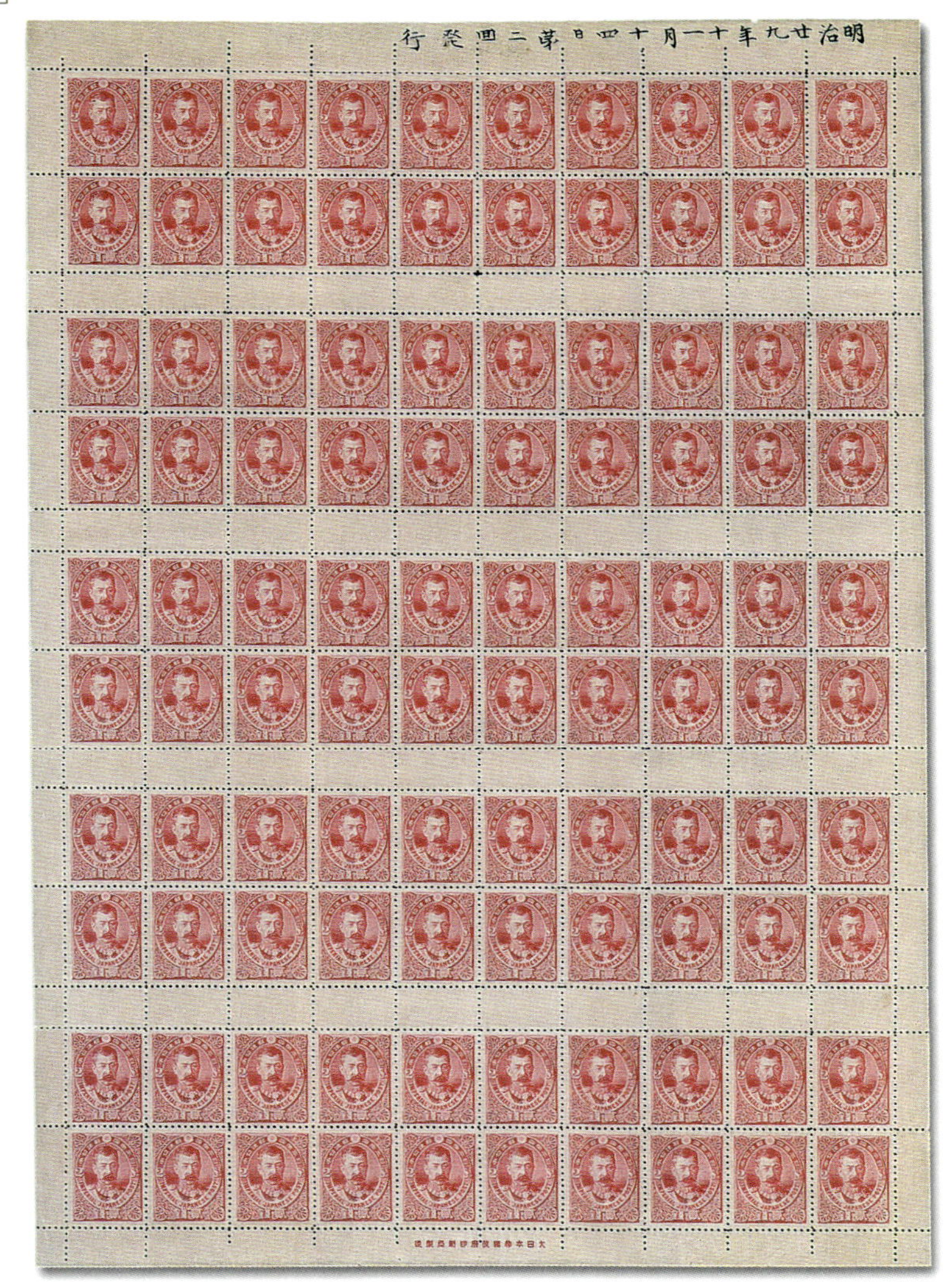

変則的なシートの構成
完全シートの現存例は非常に少ない。20枚ブロックと、ブロック間の耳紙の構成が良く分かる。

日清戦争勝利紀念の使用済
皇族の肖像に消印とは…、と世論の批判。

富国強兵政策の総決算

日清戦争から10年、産業と軍備の増強は、表裏一体で進みました。大陸の広大な国家・ロシア帝国への勝利は、わが国20世紀前半の歩みを方向づけました。

明治37-8年戦役戦亡艦艇遺跡
遼東半島付近で沈んだ日本軍艦の地図。日本の戦果ばかりが華々しく伝えられた日露戦争の絵葉書で、このような図案は珍しい。当時の絵葉書より。

日本海海戦や、旅順攻略などの華々しい戦果で飾られた日露戦争も、その経費と犠牲は日清戦争の10倍、内実は極めて過酷なものでした（59ページ参照）。しかし、表向きにはアジアの小国日本の大国帝

日露戦争凱旋観兵式紀念
切手に描かれた図案は59ページ参照。

特　印
盾に勝利の象徴・鷲を描く

日露戦争紀念絵葉書

日露戦争では、逓信省紀念絵葉書が計40種類、数回に分けて発行された。題材は各会戦の場面や軍隊生活。当時の最新技術による多色刷りも駆使され、国民的なブームを巻き起こした。切手を絵葉書に貼って記念の消印を押す習慣も、この時から始まった。写真は旅順口を砲撃する日本軍。

政ロシアへの勝利です。ポーツマスで開かれた講和会議では、南樺太（北緯50度以南）の領有権と朝鮮の支配権、さらに遼東半島の租借権（関東州）などを獲ました。国民が沸き立ったのも当然です。

2年にわたる戦いは、「明治37―8年戦役」と呼ばれ、戦況は当時普及し始めた写真で戦果が逐一国民に知らされ、印刷技術の進歩で臨場感あふれる絵葉書も多数作られました。切手には、こうした世相を反映して、今回は記念名もしっかり入れられています。発行日は既に終戦から7ヵ月経った時、青山練兵場（現在の神宮外苑）で行われた陸軍凱旋観兵式、天皇陛下が凱旋して来た兵隊を閲兵する祝典の日が選ばれました。切手は国内用の葉書と封書用の2種。凸版印刷で、記念文字の入った輪の中に、陸軍の各種兵器。細かな図ですが、よく見ると歩兵・騎兵・工兵を代表する兵器、銃剣・ラッパ・野砲・つるはしなどが描かれているのがわかります。

折からの絵葉書ブームと相俟って、発行当日の混乱は語り草になっています。発売は大局（一・二等局）と都市部の三等局のみでした。

…東京郵便局では群衆が早朝から押し掛け、午前5時20分から売り下げるも、争乱状態に。間もなく絶対に売切となして取扱口を閉鎖…。

大変な熱狂ぶりが伝えられているのがわかります。

日清戦争　明治27年（1894）8月1日から翌年4月17日。日本側の動員兵力24万余人、戦死者13311人（うち病死者11894人）、戦費約2億円。主として朝鮮の支配をめぐる清国との争い。／**日露戦争**　明治37年（1904）2月8日（正式な宣戦布告は2月10日）から翌年9月5日。日本側の戦死者88429人、戦傷者153584人、戦費約19億8400万円。朝鮮・満州の支配をめぐるロシアとの戦い。

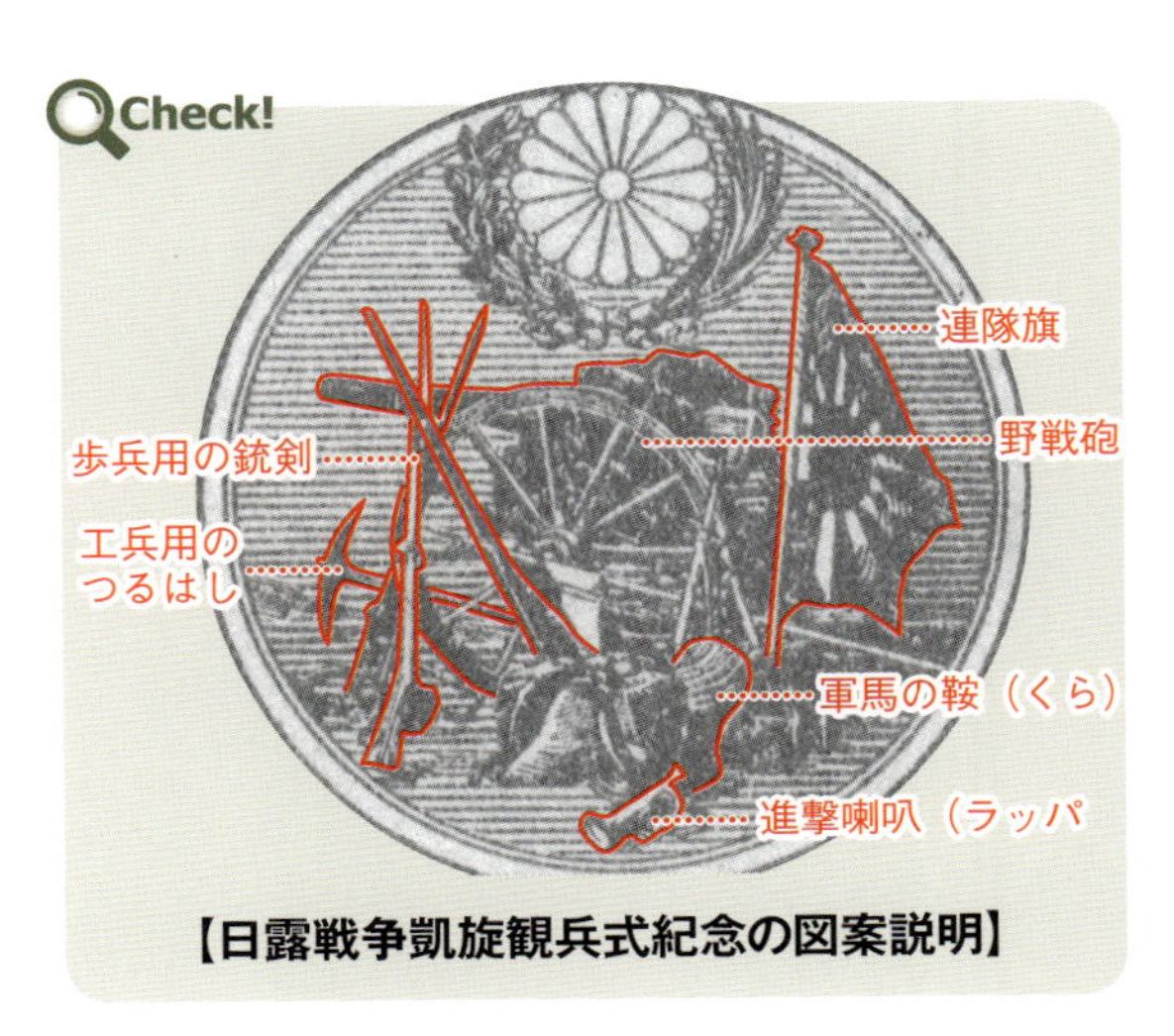

【日露戦争凱旋観兵式紀念の図案説明】

切手の発行は、4月29日。特印の使用は4月30日から。そのため、発行日の初日印で消された切手はあまり見つからない。

明治の紀念絵葉書ブーム

明治30年代の後半は、急速に写真が普及し、またコロタイプ印刷が登場した時期であった。臨場感溢れる写真印刷の技術は、日露戦争の戦地・戦況を伝える最新のメディアとして、早速絵葉書に使われ、人々の歓喜の声に応えた。空前の絵葉書ブー

初めての特印
UPU加盟25年

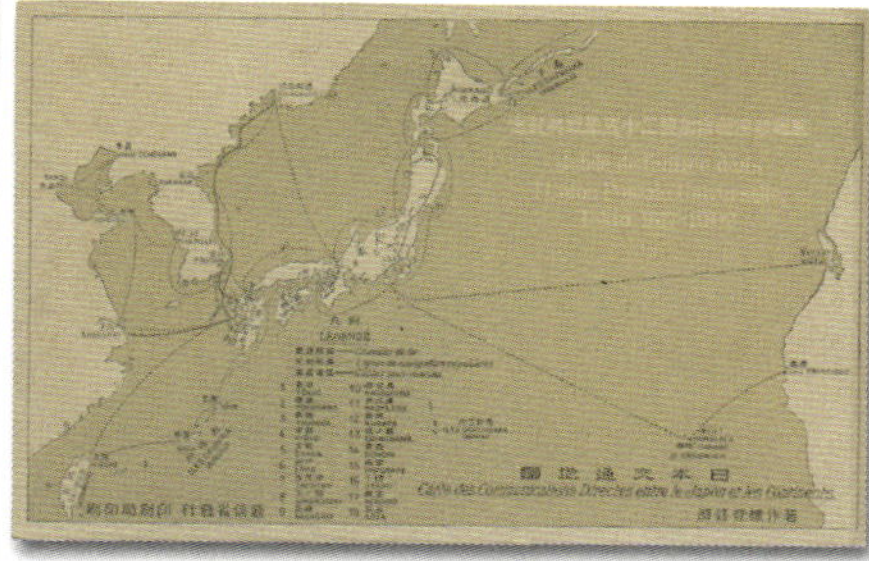

最初の紀念絵葉書　万国郵便連合加盟25年紀念6種。まだ網目凸版で、鮮明な印刷には程遠かった。明治35年（1902）6月18日発行。

日露戦争凱旋観兵式紀念絵葉書
（切手＋特印）

ムの幕開けである。
明治40年代には、石版多色刷りの技術も急速に進歩し、鮮やかで美しいデザインの絵葉書が多数生まれた。それに切手を貼って特印を押す、現在にまで続く絵葉書収集の形が確立したのも、この頃の事であった。

切手と併せて発行された逓信省発行紀念絵葉書２種。上／甲「奉天の２元帥６大将」、下／乙「中古（中世＝鎌倉～室町時代のこと）大将凱旋の図」。甲は山縣有朋元帥渡満の時に現地で撮影された写真。乙は鮮やかな色彩と、画題の武士道精神が人々の心を掴んだ。

逓信省は「戦役紀念絵葉書」を４次に亘って40種類も発行。並べると当時の戦況と戦地の様子が、一大絵巻のように概観できる。

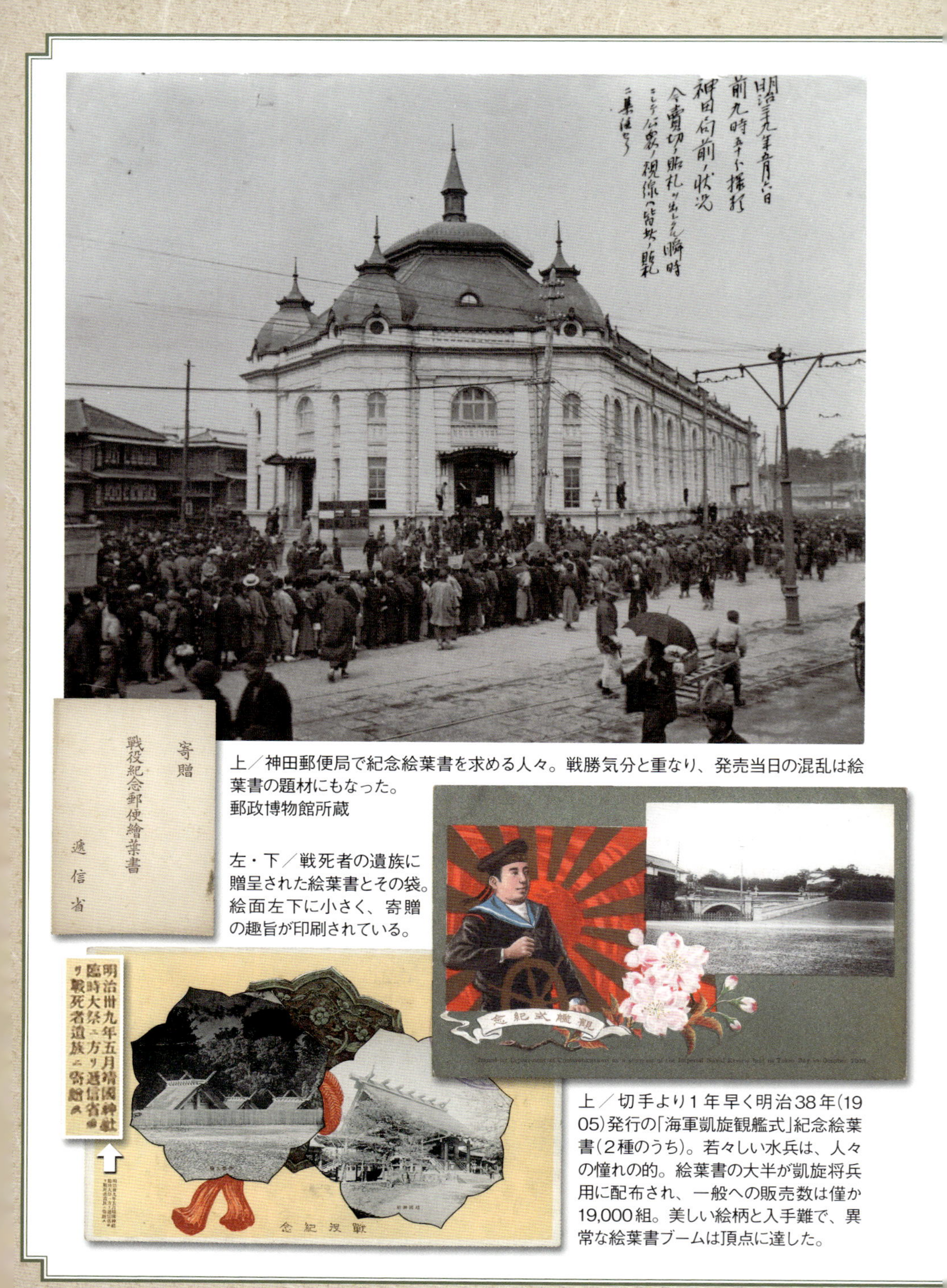

上／神田郵便局で紀念絵葉書を求める人々。戦勝気分と重なり、発売当日の混乱は絵葉書の題材にもなった。
郵政博物館所蔵

左・下／戦死者の遺族に贈呈された絵葉書とその袋。絵面左下に小さく、寄贈の趣旨が印刷されている。

上／切手より1年早く明治38年(1905)発行の「海軍凱旋観艦式」紀念絵葉書(2種のうち)。若々しい水兵は、人々の憧れの的。絵葉書の大半が凱旋将兵用に配布され、一般への販売数は僅か19,000組。美しい絵柄と入手難で、異常な絵葉書ブームは頂点に達した。

著名画家たちによる切手と葉書の競演

第1次大戦の終結は、新たな世界の勢力地図を完成させました。しばしの平和の訪れです。大正8年（1919）6月に講和条約が調印されると、翌7月1日、4種の世界大戦平和紀念切手が発行されました。

大正3年（1914）、東欧から始まった第1次世界大戦は、人類が体験した最初の大量破壊兵器による殺戮戦と言われています。大正7年（1918）、ドイツの降伏で結ばれたベルサイユ条

世界大戦平和紀念
記念切手1銭5厘と4銭は結城素明、3銭と10銭は岡田三郎助による原画。

特印

約には、日本も戦勝5大国のひとつとして参加、国内では翌8年から平和記念の各種行事が行われました。切手は7月1日の平和紀念日に併せて発行された4種です。

日本で初めて国際的な出来事を題材とした記(紀)念切手、図案の選定には慎重な配慮がなされました。切手は国内用・外国用の葉書、封書用料金のそれぞれ2種ずつ。図案は平和の象徴としてのハトを題材に、葉書用には結城素明、封書用には岡田三郎助の案が採用されています。この時の図案選定委員には、東京美術学校長(後の東京芸大)・正木尚彦のほか当時の日本画壇で活躍する著名画家、帝室博物館の高橋健自(紋章学)、逓信省からは樋畑雪湖(逓信博物館主任)も参加しています。

南薫造「収穫の図」(左)、
鏑木清方「少年少女と鳩」(下)

切手は凹版。できばえは、葉書用の図案2種が、彫刻の繊細さで世界的な評判を呼んだのに対し、封書用の2種は意外に不評だったとか…その結果を樋畑は、凹版の題材には必ずしも適さなかった図案ゆえ、と述懐しています。しかし、現代の視点でみれば、これとて躍動的で素晴らしいデザイン。その重厚感は、なかなか近年の切手では味わうことができません。

「世界大戦平和」の原画作者

紀念切手

［1銭5厘・4銭］結城素明(ゆうき・そめい) 日本画家(明治8年(1875)～昭和32年(1957))。

［3銭・10銭］岡田三郎助(おかだ・さぶろうすけ) 洋画家(明治2年(1869)～昭和14年(1939))。

紀念絵葉書

南薫造(みなみ・くんぞう) 洋画家(明治16年(1883)～昭和25年(1950))。

鏑木清方(かぶらぎ・きよかた) 日本画家(明治11年(1878)～昭和47年(1972))。

もうひとつの名作“平和紀念”絵葉書

日露戦争以来の絵葉書ブームの中、逓信省は「世界大戦平和」の紀念絵葉書２種も発行した。原画は、洋画家・南薫造の「収穫の図」と、日本画家・鏑木清方の「少年少女と鳩」。

いずれも当代一流画家の作品。とりわけ鏑木清方の原画による絵葉書は、原画を手摺り木版で再現した逸品。切手と併せると、当時の４著名画家作品の揃い踏みになる。

木版印刷

繊細な墨線で、構図に緊張感がみなぎる。印刷順を示す資料からは、木版印刷の“命”が墨色にあることが良くわかる。手摺りにもかかわらず、均一な色調に仕上がっている。

郵政博物館が所蔵する色別の木版印刷版木

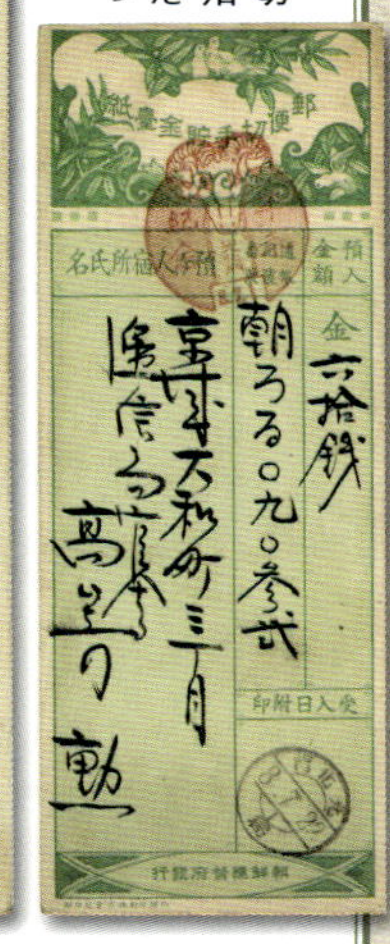

朝鮮総督府発行の郵便切手貯金台紙。預け人は、殆どが日本人。外地に渡った人々の経済活動も活発だった。

外地の郵便切手貯金台紙

「世界大戦平和」紀念の貯金台紙2種。内地用のほかに、外地では朝鮮総督府と、関東庁でも発行され、銘版部分が異なる。前回の「大正大礼」紀念貯金台紙と比べると、注意書きは日本語表記のみになった。外地における〝日本化政策〟の実態が窺える。

関東庁発行の郵便切手貯金台紙（左）とその銘版（上）。

満州国皇帝（溥儀）来訪記念◇1935年（昭和10）4月2日発行・4種　凹版

満州国建国10周年記念◇1942年（昭和17）発行・4種　局式凹版

切手の上では対等な日本と満州国

満州国を対外的には独立国としてアピールしながら、政治・経済の内実は日本が掌握(しょうあく)する…日本が、清国最後の皇帝・溥儀(ふぎ)を強力に後押しして、初め執政(しっせい)、間もなく皇帝として即位させた目的は、実はそこにありました。皇帝溥儀を日本に迎え、天皇陛下に親しく拝謁(はいえつ)させる…。記念切手は、その当時の国家的政策を、今に語り続けています。

■満州国皇帝（溥儀）来訪記念

昭和10年（1935）、満州国の皇帝溥儀が日本に招かれました。折しも、建国の翌年、溥儀は皇帝に即位したばかり。表向きは〃日満親善〃

満州国皇帝（溥儀）来訪記念　上／遼陽の白塔と比叡。下／赤坂の迎賓館。

特　印

記念絵葉書（逓信協会発行）
上／満州国の国歌が流れる中、日の丸を背景にした高梁の穂が輝く。お互いの象徴が対等に描かれた。
右／皇帝溥儀と鳳凰。背景には満州国の国旗と桜（日本の象徴）が描かれている。

蘭花紋章（満州国国章）が描かれた絵葉書
菊と桜は、ともに日本の国花とされている。蘭花紋章は、満州国の皇帝章であると共に国章で、五枚の花弁が五つの民族（五族＝日・漢・満・蒙・朝）の協和を象徴している。
満州国皇帝は、日本の「紀元2600年」にも再度訪日、自国の「建国神廟」にお祀りする神宮のご分霊を、自ら持ち帰った。昭和17年（1942）発行・『満州国建国10周年』の20銭（外国用・71ページ）にも、満州国の国章が描かれている。

でしたが、実態は〝日満一体〟、満州国が国家としての体裁を整えたことを、内外に示すことが目的でした。

切手は、対外宣伝の好材料。国内外用の葉書・封書料金、計4種類の発行です。外国用の2種は、UPU条約色に合わせて、紅色と青色で刷られました。図案も国家的威信をかけた行事だけに厳選され、葉書用の2種には、満州の文化遺産を代表する遼陽の白塔と、溥儀が来日のために乗ってきた軍艦「比叡」が、封書用には、宿舎に当てられた赤坂の迎賓館が、それぞれ描かれています。

ここで注目したいのは、それらの周囲を飾る模様です。葉書用は図案上部の左右に蘭と菊の花が、封書用には下部の左右に稲と高粱(こうりゃん)の穂が配されています。これらはそれぞれ両国の国花、そして農作物の代表です。

この日本と満州国の国花と農産物、葉書用と切手用とではそれぞれ、配置の左右が入れ替わっていることも、注目点です。切手上では、あくまでも日本と満州国を、対等な国家として位置づけようとしたのです。なお、満州国の州の字が、切手では〝州〟になっています。正式には〝洲〟ですが、

収集ミニ知識

日本の降伏とともに消滅した満州(洲)国の切手

切手は国家の顔。満州国は昭和7年(1932)の建国以来、14年間にわたり切手を発行した。日本とは違い、普通切手には積極的に皇帝溥儀の肖像が使われ、『満州国皇帝来訪記念』に描かれた遼陽の白塔*も登場する。また、記念切手は日本との親密な関係を強調した題材のものが多い。皇帝訪日記念に際しても、当然記念切手が発行された。第2次世界大戦による日本の降伏で、昭和20年(1945)に満州国も消滅した。

*遼陽の白塔：満州国の文化遺産の代表。12世紀(金時代)に建立。広祐寺に所在する八角十三重の仏塔である。満州国の複数の普通切手にも、描かれている。

■第1次普通切手(1932年発行)

遼陽の白塔

溥儀

■皇帝訪日(1935年発行)

富士に瑞雲

双鳳に瑞雲

満州国発行の「皇帝陛下訪日紀念」切手と絵葉書。藍色の特印も美しい。満州国も内外への政策宣伝のため、盛んに切手と絵葉書を発行した。同時に発行された日満の記念切手及び絵葉書を比較すると、関係の親密さが良く分かる。

満州国発行紀念絵葉書の畳紙（たとう）。

特印
両国の国旗と蘭花・菊花

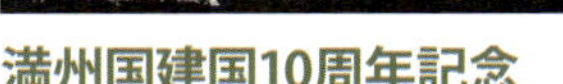

満州国建国10周年記念

左上／2銭：建国神廟。右上／5銭：両国の子ども。左下／10銭：建国神廟。右下／20銭：満州国国章。2銭と10銭は3月1日発行で、5銭と20銭は9月15日発行。

同時に使われた記念特印はちゃんと〝洲〟になっています。（68ページの絵葉書参照）

発行は、皇帝が大連を出発した日で、印刷は凹版です。シートは20面で、「第15回赤十字国際会議記念」（112ページ）に次ぐ2回目の題字入り。発行目的はともかく、図案のみを見れば、風景の描写と周囲の装飾模様のバランスがとれた、戦前記念切手の名品のひとつと言えましょう。

ちなみに、皇帝溥儀の来日は、表向きには日本への外国〝皇帝〟の初めての来訪でした。溥儀は4月6日に横浜に到着。皇居で昭和天皇と親しく会見の後、奉祝ムードのなか京都、奈良などを視察して、23日に神戸から帰国の途につきました。

■満州国建国10周年記念

満州（正式には洲）国は、満州事変の翌年（昭和7年）、中国東北部と内モンゴルを主な領域として建国された、日本の息がかかった傀儡国家と言われています。清朝最後の皇帝溥儀をはじめは執政に、のちに皇帝としましたが、その内実は日本の大陸での権益確保にあり、当時の国際社会からは、ついに〝国家〟として認められることはありませんでした。

しかし国内向けには満州との共栄こそが国家繁栄の礎とされ、さまざまな思想宣伝が繰り広げられました。こうした折り、日本の紀元2600年を期して首都・新京（現在の長春）の皇帝宮内に、皇居の宮中三殿を模して日本の皇室の祖神＝天照大神をお祀りした「建国神廟」が設けられます。皇帝を含めた、日本化政策の象徴です。その翌々年、満州国は、ちょうど建国10周年を迎えました。

記念切手は、もちろん国内外に日本と満州の結びつきの親密さを示す、絶好の媒体として発行されたものでした。

図案は国内・国外の葉書料金である2銭・10銭に、この建国神廟が描かれています。また封書料金の5銭（国内用）には、日満両国の子どもが、20銭（外国用）には、満州の国章である「蘭花紋章」が描かれています。春秋2回に分けて2種ずつの発行や、印刷が新技術の局式凹版であることも「紀元2600年」（116ページ）と似ています。

遞信博物館（当時）が配布した切手の発行案内。切手を貼付して記念特印を押すスペースがある。左右のスローガンが当時の世相を反映している。

満州の資源を求めて

満州は、石炭や鉄鉱石などの地下資源と、大豆などの農産物に恵まれていた。これらの資源を確保することは、資源小国日本にとって、切実な課題であった。写真は石炭の露天掘り。当時の絵葉書より。

満州国切手の田型特印収集

特　印

満州国の記念切手も、日本と同じ額面構成。国内外向けのそれぞれ葉書・封書用の４種一組が多い。

これらの田型ブロックに特印を押す習慣も同様で、現在でもしばしば市場に姿を現す。

これに満州国逓信局発行の公式絵葉書を加えてアルバムに収めると、収集に拡がりがでる。

満州国建国10周年記念 ３分・農夫と漁夫（1942.9.15発行）。

満州国皇帝訪日記念４種（１９３５・４・２発行）。日本側の記念切手と同じ国内用・外国用のそれぞれ葉書・封書用料金。

大陸進出の足がかり"関東州"

関東局始政30年記念 ◇ 1936年(昭和11)9月1日発行・3種 平版
関東神宮鎮座記念 ◇ 1944年(昭和19)10月1日発行・2種 グラビア

"関東州"(英文：Kwantung Leased Territory)とは、戦前、日本が中国(初め清国、1912年からは中華民国)から借りていた(租借(そしゃく))領土のことです。日露戦争でロシアからこの地の租借権を獲得、日本は大陸進出の足がかりの地として、統治していました。戦前には、この関東州に関わる記念切手が2件5種発行されています。

■ 関東局始政30年記念

関東州は、黄海の東に張り出した、遼東半島の先端部に位置します。この地には中国東北部、とりわけ満州方面への入り口の都市として重視された旅順(りょじゅん)や大連(だいれん)などがあります(いずれも日本語読み)。日本は日露戦争後の明治39年(1906)、まず旅順に「関東都督(かんとうととく)府(ふ)」を設けて統治を開始、この機関は大正8年(19

関東局始政30年記念
切手の図案は左ページ参照。

特 印
関東州を照らすトーチ
と菊花・桜花

関東庁始政20年記念絵葉書（関東庁発行）　内地と満州を結ぶ基地、大連港の賑わい。満州へ向けてSLが走り、内地へ向け連絡船が出航、多くの人々で活気づく。

【関東局始政30年記念の図案説明】

1銭5厘：切手の地図上の濃色部分は関東州（中央）と朝鮮（右）。

3銭：白玉山表忠塔は旅順港を見下ろす山頂に1909年完成。高さ66.8mで現存する。白玉山納骨祠は日露戦争で亡くなった日本軍の身元不明者の遺骨を祀る。

10銭：関東庁庁舎。もと帝政ロシア統治時代の市営ホテル。

関東州
「関東」とは山海関（万里の長城の東の始点）の東方、という意味。本来は、満州地方一帯を指す。

１９）から大連に移されて「関東庁」と、さらに昭和９年（１９３４）からは「関東局」と改称されました。切手は、その統治が30年迎えたことを記念するものでした。

切手の発行は、この地を管轄した関東逓信局が計画、逓信省が発行する形にして、関東局管内のみで発売する、という形がとられました。皇太子裕仁台湾訪問紀念（38ページ）と同じ方法です。現地の図案家・広松正満が図案を作成、完成した原図を発行の２ヵ月前に航空便で本省へ送り、急遽印刷が開始されました。時間的な関係から、印刷は凹版の原版から転写した平版印刷です。

切手の種類は、国内向け葉書＝１銭５厘・封書料金＝３銭と、外国向け封書料金＝10銭の３種、すべて異図案です。３種という構成は、大正５年の裕仁立太子礼紀念以来の変則的なものでした。

図案は１銭５厘が、関東州と朝鮮、すなわち日本が統治していた外地の地図に旭光（きょっこう）・白鳩に月桂樹、上方の左右隅には、関東州のマーク（５弁の桜花）も入れられています。３銭は旅順の白玉山に日本が設けた日露戦争の戦没者納骨祠と記念碑（表忠塔）に月桂樹を配したもの。10銭は関東庁庁舎と月桂樹で、この建物はもともとロシア時代の市営ホテルでした。切手は、着色繊維が漉き込まれた大正透かし入りの用紙に刷られ、用紙と印刷版式の割には、図案の細

関東神宮鎮座記念
今では見られない関東神宮と関東州の地図が描かれている。

特印

部まで良く表現されています。

関東局管内のみの発売であったため、内地の収集家は、直接現地の郵便局に注文しましたが、発行数が極端に少なく（1銭5厘・3銭各30万枚、10銭はわずか5万枚！）、入手には苦労したと言われています。

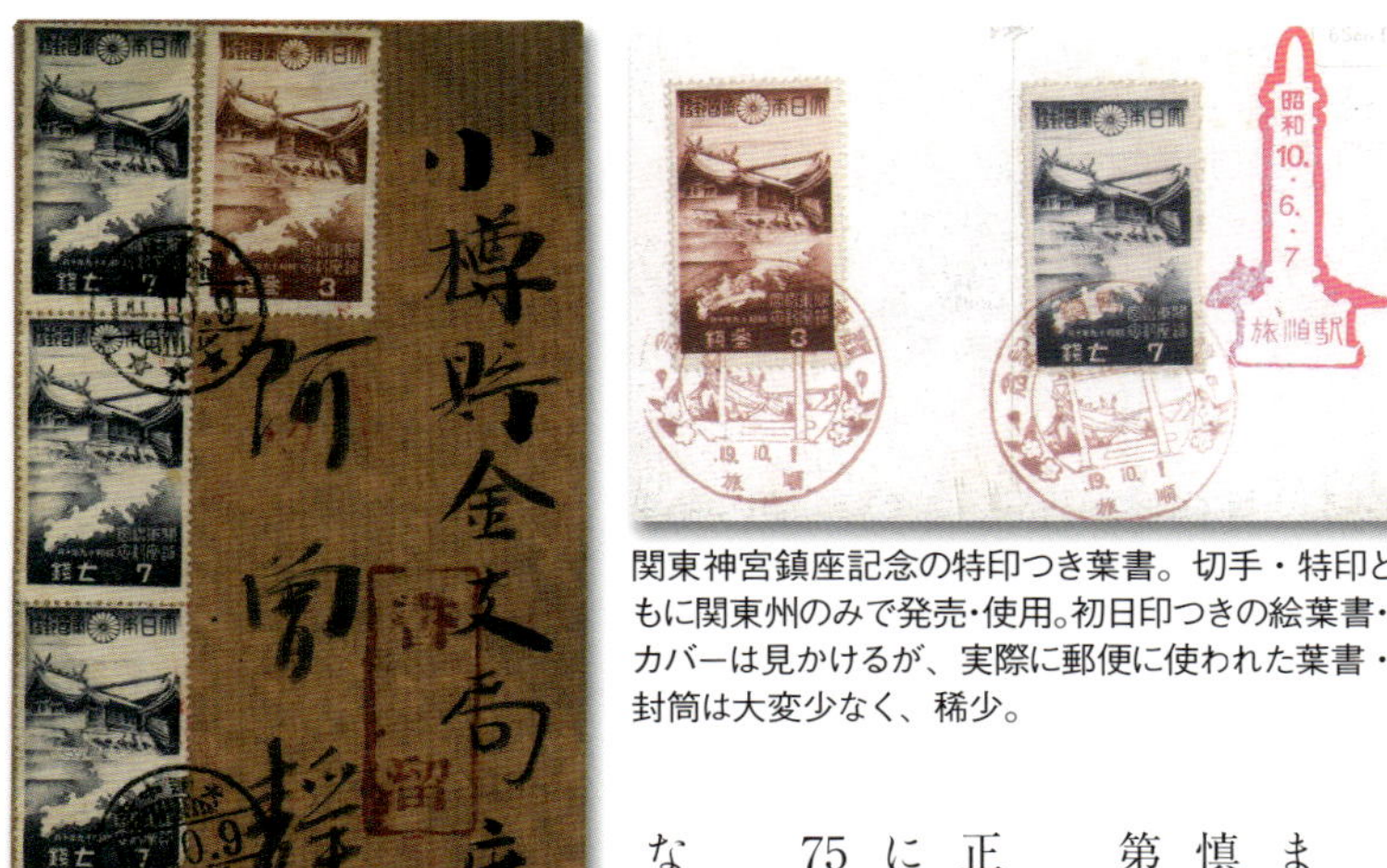

関東神宮鎮座記念の特印つき葉書。切手・特印ともに関東州のみで発売・使用。初日印つきの絵葉書・カバーは見かけるが、実際に郵便に使われた葉書・封筒は大変少なく、稀少。

関東神宮鎮座記念切手を使った書留便。発売地の大連差立てで内地あて。切手複数貼りの使用例としても大変に貴重。

■関東神宮鎮座記念

戦前の日本は、その領土拡張ごとに、現地に精神的な支柱として神社を創祀していきました。しかし、〝関東州〟は租借地でもあり、神社の創祀には昭和11年（1936）以来、慎重な議論がなされました。そしてこの地に、ようやく「関東神宮」がお祀りされたのは、第2次大戦も3年目に近づいた昭和19年（1944）秋のことです。

この切手も、始政30年記念と同様、関東州管内のみでの発行でした。原画作者も広松正満、国内向け葉書・封書料金で2種とも同図案、戦前では珍しい縦長の切手で、上方に関東神宮のご社殿、その下に関東州の地図を白抜きで配したものでした。発行数は各75万枚、うち25万枚は内地の収集家向けに日本郵便切手会が通信販売を受け付けました。

しかし、この当時、本土は戦局の悪化で荒廃、印刷局も記念切手を印刷する余力などなく、かろうじて稼働していた民間の印刷所＝㈱共同印刷の製品ですが、銘版はありません。版式はグラビアですが、用紙は漉き目の目立つ薄手の白紙で印刷効果も今ひとつ。戦争による物資欠乏の影が感じられます。このような時代、収集家もすでに趣味に打ち込める余裕など、もはやなかったのでしょう。実際に郵便に使われた切手も大変少なく、とりわけエンタイアは珍品となっています。

愛国切手 ◇ 1937年（昭和12）6月1日・3種 グラビア

航空報国
―日本初の寄附金付き切手

飛行機は、高速の輸送手段であると共に、軍用装備としても大きな役割を担っています。〝もっと多くの飛行機を！〟航空報国のスローガンと共に、わが国航空産業の遅れ挽回を目指して発行されたのが、愛国切手です。

日本でも昭和4年（1929）に航空郵便の取り扱いが開始されました。しかし日本での航空事業は、諸外国に比べれば、かなり遅れたものでした。この時代、次第に高まる日本の大陸進出の勢いと、それに対する諸外国からの軋轢（あつれき）に対して、航空技術や飛行場の整備などが緊急の課題となっていました。こうした折り、昭和12年（1937）4月には、朝日新聞社の「神風号」が東京―ロンドン間の飛行に成功、国民は沸き立ちます。「航空報國　もっと多くの飛行機を！　もっと多くの飛行場を！　もっと多くの飛行士を！」当時のポスターからは、その熱気が伝わってきます。

愛国切手は、この世論の盛り上がりから誕生した、日本初の寄附金付

愛国切手　ダグラスDC-2と北アルプスの眺望。

【愛国切手の試作図案より】　郵政博物館所蔵
愛国切手には多くの試作が残されている。写真の試作に描かれた機体は、切手図案ダグラスDC-2の前時代の主力機フォッカースーパーユニバーサル。日本初期の定期旅客機のひとつである。また、背景の山脈は切手と同じで、北アルプス常念岳頂上からの見晴らし。撮影は写真家・岡田紅陽（昭和９年５月撮影）。実際には雲ひとつなく、切手と試作図案の雲は描かれたものという。

き郵便切手です。2銭、3銭、4銭切手に2銭ずつの寄附金。用途はいずれも国内用。それぞれ葉書、無封の書状、通常の書状用でした。図案は、日本アルプス上空を飛ぶダグラスＤＣ-２型機。当時、斬新だった航空写真を素材に、飛行機を合成してはめ込んだグラビア印刷の切手です。単色ですが、紅、紫、緑の刷色が美しく、図柄をひき立てています。

特印

　飛行機が主役の純粋なトピカル切手ということもあって、外国からの注文も多く寄せられましたが、所詮は寄附金付き、次第に売れ行きは先細りになりました。それでも、製造枚数は他の同時期の記念切手の何と約3倍。「愛国切手寄附金管理委員会」に寄せられた寄附金は翌年の10月までに71万円。軍事や民事を含めた〝航空日本〟の実現に一役買ったのでした。

愛国切手・葉書キャンペーン

愛国切手・葉書のキャンペーン。切手・葉書とも、額面に比して結構高額な寄付金付き。逓信省は、多くの民間企業、大型百貨店、また出版社などに声をかけ、さまざまな協賛グッズが作製された。左は、雑誌の付録絵葉書。東京〜ロンドン間飛行レースの宣伝も兼ねている。下は飛行機を描く台紙に、愛国切手を貼り「戦車大展覧会」の小型印を押したもの。小型印は数種類あって、いずれも展覧会を記念するもので、戦時色が強く、国民精神総動員を意図する内容となっている。

２枚の絵葉書を連刷。下の絵葉書にはロンドンまでの経由地が示されている。

愛国葉書は通常の葉書より一回り大形。料額印面は神武東征神話の立役者・金鵄と、富士山。凹版印刷の見事な出来栄え。

大東亜戦争第1周年記念◇1942年(昭和17)12月8日発行・2種 グラビア
シンガポール陥落記念◇1942年(昭和17)2月16日発行・2種 凸版

切手は語る──戦争の悲劇

あの"9月11日(ナインイレブン)"、私は仕事でロンドンに単身滞在中でした。突然の事件、街の雰囲気が一変したことに驚きましたが、背筋が凍ったのはどの放送局でも繰り返し流されていた次のフレーズです。「今回の事件は、第2次世界大戦における、日本の真珠湾攻撃に次ぐ、大規模なテロ行為だ…」(原文英語)。

戦争責任に関する議論は種々ありますが、真珠湾攻撃はテロ行為。これが欧米諸国でのごく普通の"歴史認識"とは！　平和の大切さを、改めて痛感した次第です。戦前の記念切手は、負の歴史の生き証人でもあります。

■大東亜戦争第1周年記念

戦争は、すべての人びとを不幸にします。過去幾度も繰り返されてきた戦争、しかしその教訓は、今も必ずしも生かされてはいません。大東亜戦争は、昭和16年(1941)12月8日、日本の真珠湾攻撃で開戦、昭和20年(1945)8月15日の終戦まで続きました。国際的に見れば第2次世界大戦の一要素、日本にとっては昭和6年(1931)に起こった満州事変からの、対中国侵略戦争の延長です。大東亜戦争とは、開戦2日後に大本営政府連絡会議が決めた、日本側の正式名称

大東亜戦争第1周年記念　右／フィリピンのバターン半島を進撃する戦車。左／上空からみたハワイ真珠湾攻撃の戦況。

特　印

でした。
　開戦5ヵ月で東南アジア一帯を占領、大東亜共栄圏の実現に国民は沸きます。しかし当初優勢が鼓舞されていた戦況も、昭和17年（1942）6月のミッドウェー海戦で形勢が逆転、次第に物心両面で困難な状況に陥ります。しかし、情報の統制により国民は真実を知らされぬまま、戦意昂揚が叫ばれました。切手の発行もその一環、「第1周年」と気負った題名が付されたのもそのためです。物資欠乏が始まった時期ではありましたが、国策を担っての〝紙の弾丸〟、まだ印刷も安定し、大きなバラエティも報告されていません。しかし、国防献金付きで、人々は学校・職場単位で半ば強制的に購入を強いられました。

真珠湾攻撃の約3週間後、昭和17年（1942）元旦に新聞各紙に掲載された海軍省発表の報道写真。5＋2銭切手の原画にも使われた。

収集ミニ知識

大東亜戦争の記念絵葉書

昭和18年(1943)、開戦2周年目は、切手の発行がなく、大東亜戦争報国記念葉書が発行された。絵柄は戦意昂揚を意図した著名画家の戦争絵画。2銭の料額印面付き3種で献金共30銭。もはや庶民には、購入のゆとりさえなく、大量に売れ残った。この時代、美術界も積極的に戦争に荷担させられた。戦争を美化し、聖戦化する国策は、どこまでも徹底的で恐ろしい。

シンガポール英軍の降伏
宮本三郎筆

下／ハワイ真珠湾を強襲する海軍航空部隊による第二次爆撃決行の瞬間(吉岡堅二画)。左／香港高射砲陣地奪取の図(宮本三郎画)。

武人埴輪の料額印面。モデルは群馬県高崎市上芝(かみしば)古墳出土品(東京国立博物館蔵)。

下／ジャーデン監視山の英軍高射砲陣地を攻撃する日本軍(小磯良平画)。

香港黄泥涌高射砲陣地奪取

小磯良平筆

■シンガポール陥落記念

開戦からわずか3ヵ月、昭和17年（1942）2月、日本は、英領シンガポールを占領します。シンガポールはマレー半島先端の島、古くから貿易港として栄えた要衝でした。この地は1819年から英国東インド会社が所有、1868年には海峡植民地として正式な英領植民地となりました。昭南島は、占領した日本側が付けたシンガポールの日本名です。

切手は、軍事献金付きであらかじめ占領前に用意されましたが、時間的な制約もあって、2銭乃木大将と4銭東郷元帥の普通切手に記念文字を加刷したものでした。

印刷は台切手、加刷ともに凸版。2色を一台の機械で連続印刷する方法で行われましたので、技術的には2色刷りと同じです。印刷の品質はまだ安定しており、目打ちもまあ良く抜けていますが、一部加刷漏れのバラエティが存在し、戦前記念のエラー切手中では最高の珍品となっています。

シンガポール陥落記念　昭和切手2銭乃木大将と4銭東郷元帥に、「シンガポール陥落」と寄附金を加刷。

特　印

シートの上4段が加刷もれ。戦前記念切手のなかの最も派手なエラー。

昭南島（シンガポール）の街並み

シンガポールは、中華系の人々が多く、19世紀初頭から貿易港として栄えた。日本の占領により、地名は昭南島と改められ、昭南神社も祀られた。どこまでも日本化政策を領土拡張とセットとして考える国策が伺える。右は記念切手を貼り、特印を押した写真絵葉書。

眞珠軍港フォード島周邊ニ葬リ
去ラレントシツツアル敵艦船及施設
海検乙第十七號ノ一〇一三
昭和十七年一月十三日許可濟（不許複製）
シンガポール
陥落

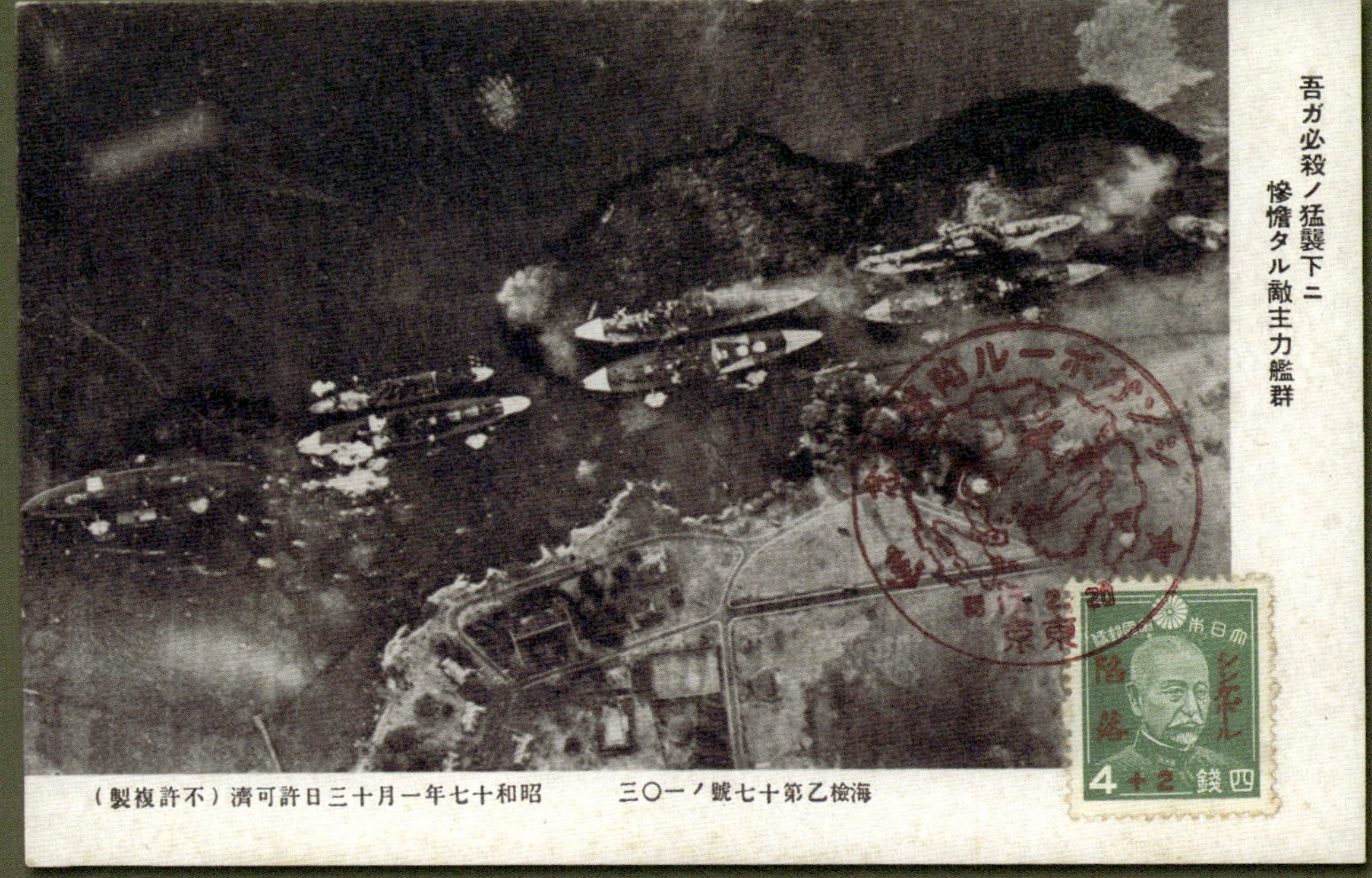

吾ガ必殺ノ猛襲下ニ
慘憺タル敵主力艦群
海検乙第十七號ノ一〇一三
昭和十七年一月十三日許可濟（不許複製）
シンガポール
陥落

真珠湾攻撃の空中写真絵葉書。時の大本営が、戦果宣伝のために公開した写真。情報統制が次第に厳しくなり、写真を絵葉書に使うのにも、軍部の許可が必要な時代であった。

靖国神社75年記念◇1944年（昭和19）6月29日・1種 グラビア

戦没者を祀る精神的支柱

ミッドウェー海戦を転機に、日本の戦況は次第に悪化して行きます。その中で靖国神社は、創祀75年を迎えます。記念切手の発行は、国民の精神的結束を促す重要な機会となりました。

靖国神社は明治2年（1869）、戊辰戦争の政府軍戦没者をお祀りした招魂社（しょうこんしゃ）の創祀に始まります。明治12年（1879）、靖国神社と改称、以後日清・日露を含めた戦没者をご祭神とし、その所管は陸海軍省にありました。国策による国民の精神的支柱です。切手は、招魂社の創祀から75年目に当たるのを記念、もちろん戦意昂揚の目的も併せての発行です。

開戦からほぼ3年、本土は空襲を受け、生活物資は欠乏、持久戦が強いられる中での発行でした。大きさも普通切手サイズ、封書料金7銭1種のみの発行でした。版式はグラビア、困難な時代の割には用紙・印刷・裏のりとも、何とか安定した品質を保ってはいます。しかし、印面を細かく観察すると、微細な汚れや傷も結構あり、研究が進めば、これらのバラエティを追いかける専門収集が可能になるかも知れません。

日本絵葉書会発行の記念絵葉書。靖国神社の第一鳥居と大村益次郎像。その奥に神門がみえる。この時期、物資の欠乏でどの郵便局の消印も、摩滅が激しい。局名が読める使用済は貴重（左・消印は伏見局）。

靖国神社75年記念

第三章

日本の郵便

郵政博物館所蔵

日韓通信業務合同紀念 ◇ 1905年(明治38)7月1日・2種 凸版

併合に先立つ通信の侵略行為

絵葉書にも描かれた李花と桜花
満開の李花(韓国を象徴するすももの花)と桜花(日本を象徴)の下で仲良く遊ぶ日朝両国の子供たち。しかしその中心は、日本の子供。明治43年(1910)、韓国は日本に併合された。朝鮮総督府始政紀念絵葉書より。

韓国は、日本にとって隣国、その交流の歴史は縄文時代にまで遡ります。古代には大陸から仏教を含め、多くの文化・思想が朝鮮半島を経由して日本にもたらされました。一衣帯水の両国です。友好と相互理解は大切。しかし、時には軍事的なせめぎ合いも、生じました。

明治政府は、富国強兵から大陸進出の足掛かりを韓国に求め、次第にその内政への干渉を強めます。郵便は〝国家の主権〟の一つ。その日本との〝合同〟には、当時の日本政府の政策が示されています。

日韓通信業務合同紀念
右中央に菊花紋章、左中央に韓国国花の李花紋章。

日清戦争以降、日本は次第に韓国の内政に関わりを強めて行きました。韓国内に置かれていた日本郵便局の拡張も、その一環です。

韓国の郵便制度は、1884年に始まりますが、その直後に起きた甲申事変で閉鎖。その後1895年に再開されましたが、日露戦争の折りに締結された日韓議定書をきっかけに、通信事業の接収が意図されたのです。明治38年（1905）4月には「韓国通信機関委託ニ関スル取極書（とりきめしょ）」に調印。これを根拠に日本は5月18日、韓国の通信事業の接収を開始、ついに7月1日、接収が完了します。

切手はこれを記念しての発行でした。そもそも郵便は国の主権に属するもの。名目こそ〝合同〟ですが、国際的には、明らかに主権の侵害行為でした。それから5年、明治43年（1910）には、韓国そのものが日本に〝併合〟されてしまいます。

切手は、国内向け封書用1種。樋畑雪湖の原画で、中央に料額印面〝参銭〟の文字を、それを囲む円形の上下に平和の象徴である鳩、そしてその左右には李花（りか）紋章と菊花紋章が描かれました。言うまでもなく李花は韓国王家の、菊花は日本の皇室の紋章です。李花と菊花を左右対等に置いたのは、あくまでも接収ではなく、〝合同〟であると主張するための配慮。

下部左右には電信を象徴する稲妻も加えられていますが、工夫に富んだ平和な図案だけに、その背後に感じられる政治的な意図は拭い切れません。なお、印面に「紀念」の文字が入れられたのは、この切手が最初でした。

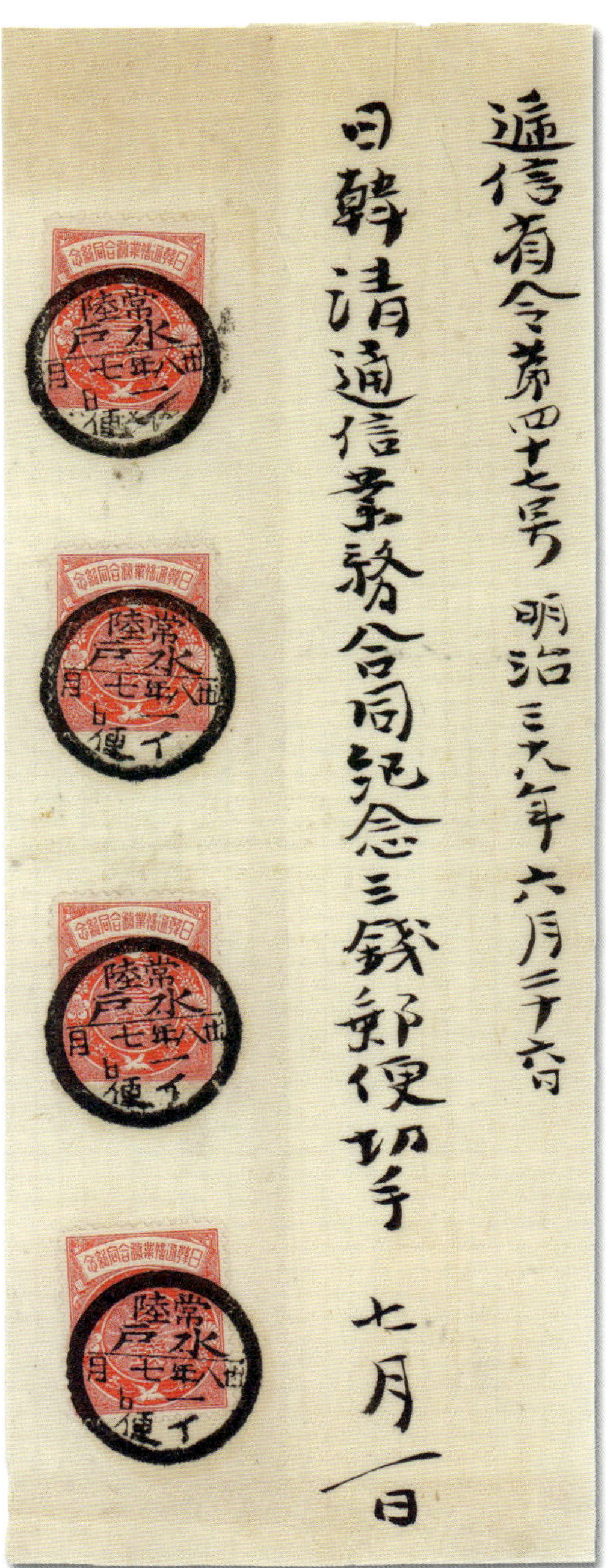

初日の記念押印　常陸／水戸　明治38年（1905）7月1日。この切手の初日押印は少ない。

日本の飛行郵便事始め

20世紀初頭に発明された航空機は、新しい郵便逓送の画期的手段として、各国で競って実用化が進められました。航空郵便の実現です。わが国でも、当初は試行錯誤。「飛行郵便」と呼ばれて、その試験が始まりました。

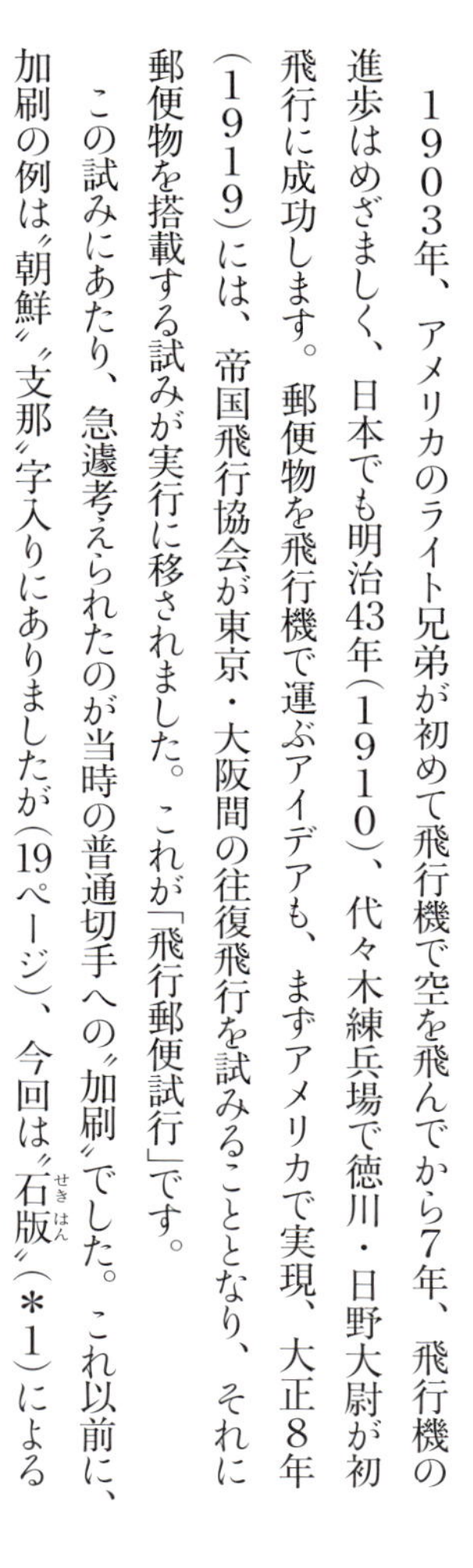

1903年、アメリカのライト兄弟が初めて飛行機で空を飛んでから7年、飛行機の進歩はめざましく、日本でも明治43年(1910)、代々木練兵場で徳川・日野大尉が初飛行に成功します。郵便物を飛行機で運ぶアイデアも、まずアメリカで実現、大正8年(1919)には、帝国飛行協会が東京・大阪間の往復飛行を試みることとなり、それに郵便物を搭載する試みが実行に移されました。これが「飛行郵便試行」です。

この試みにあたり、急遽考えられたのが当時の普通切手への〝加刷〟でした。これ以前に、加刷の例は〝朝鮮〟〝支那〟字入りにありましたが(19ページ)、今回は〝石版(せきはん)〟(*1)による加刷でした(字入り切手は凸版加刷)。

切手は国内向け葉書=1銭5厘と、封書用=3銭の2種。台切手は田沢型旧大正毛紙切手です。加刷図案は複葉機を細線で描いた単純なもの。これを1銭5厘には赤で、3銭には青で加刷しました。発行数は1銭5厘が5万枚、3銭はわずか3万枚。実際の飛行郵便に貼る目的の切手でしたので、発売も飛行郵便を引き受けた東京・大阪の一・二等局37局のみ。しかも発売は3日間のみ。加えて有効期間は10月31日までのわずか1か月足らず。それだけに発行数も限られました。

特印

飛行郵便試行紀念
田沢型旧大正毛紙切手に複葉機の図案を加刷。

飛行士と飛脚　帝国飛行協会発行の絵葉書(右下とも)

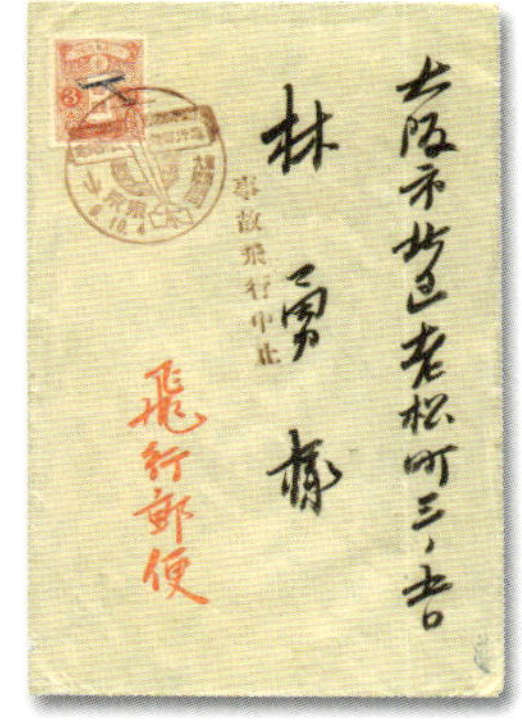

悪天候に阻まれた10月4日東京発の郵便物。鉄道便で運ばれ、中央に「事故飛行中止」の印が押されている。

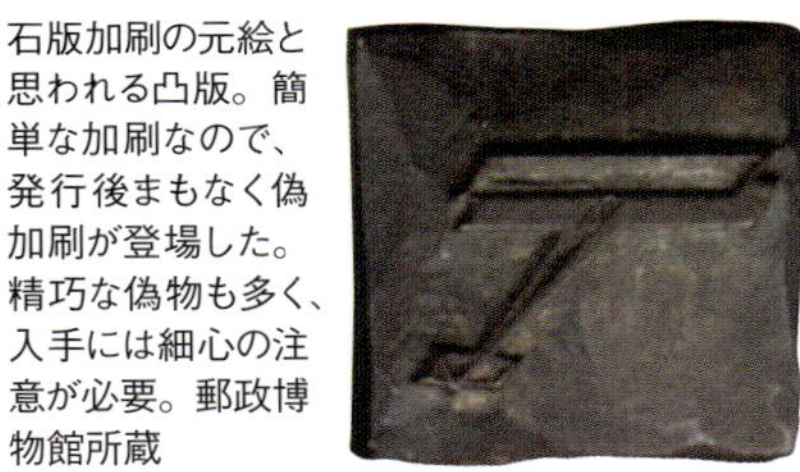

石版加刷の元絵と思われる凸版。簡単な加刷なので、発行後まもなく偽加刷が登場した。精巧な偽物も多く、入手には細心の注意が必要。郵政博物館所蔵

*1　〝石版〟印刷：水と油の反発作用を応用した印刷技術。切手印刷でおなじみの平版と同じ原理だが、印刷の版胴に石を用いることからこの名がある。明治～昭和初期の絵葉書では一般的であったが、切手では「飛行郵便試行紀念」の加刷があるのみ。

飛行郵便試行と紀念絵葉書

切手の発行にあわせて、帝国飛行協会は3種一組の絵葉書を発行した。これに記念切手を貼り、記念押印したものが市場には多く残されている。

実際の飛行は3機の飛行機が競う形で行われたが、悪天候に阻まれて当初予定の10月4日(東京発)は中止、これに搭載される予定の郵便物には「事故飛行中止」の印が押され、鉄道便で輸送された。その後22日(大阪発は23日)にようやく飛行が実現、郵便物の搭載もなされたが、その数は4日に比べて遙かに少なく、大変な珍品となっている。往復にかかった最短時間は、6時間58分。

記念切手と同時に郵便局で発売された絵葉書。
左／天女と日本橋・飛行機。
下／富士山と東海道地図。

郵便創始50年紀念◇1921年(大正10)4月20日・4種 凸版
万国郵便連合(UPU)加盟50年紀念◇1927年(昭和2)6月20日・4種 平版

日本の郵便事業―切手で〝紀念〟する半世紀

明治4年(1871)4月20日(旧暦3月1日)―切手に関心のある方ならどなたもご存じ、日本で初めての切手「龍文切手」発行の日です。この日、東京―大阪間で官営郵便の制度が開始され、わが国近代郵便がスタートしました。世界最初の切手、ペニーブラックの発行に遅れること30年、郵便事業は、明治政府の近代化政策の一つでした。

■郵便創始50年紀念

明治からの富国強兵政策で、日清・日露の両戦争、第一次大戦にも勝利、日本はいよいよ、欧米と並ぶ〝列強〟の仲間入りを果たしました。大正10年(1921)、世相は大正デモクラシー、大衆文化も昂揚してきた時代、日本の近代郵便制度は創始50年を迎えます。逓信省は2年前からこの祝典

郵便創始50年紀念
3銭と10銭は逓信省庁舎と前島密像(新潟県上越市の「前島記念館」に現存)。
1銭5厘と4銭は郵便旗・日の丸・逓信旗と龍文切手4種。

当時、東京一の規模を誇った逓信省庁舎。明治42年(1909)竣工。関東大震災で全焼した。現在の銀座郵便局の位置にあたる。

図案の中に切手が配されたものを〝切手の切手〞と呼ぶ。トピカルコレクションでもstamp on stampと呼ばれる1ジャンル。郵便創始50年紀念の2種は、世界で初めての〝切手の切手〞として有名である。

特　印

郵便旗(上)
創業以来、郵便の象徴として使用。明治17年(1884)に正式な郵便マークとなる。

逓信旗(下)
明治20年(1887)、郵便旗に代わり正式な郵便マークとなり、現代に引き継がれる。
郵政博物館所蔵

万国郵便連合（UPU）加盟50年紀念

1銭5厘と3銭は前島密。6銭と10銭は万国地図と伝書鳩。

前島密の肖像写真　郵政博物館所蔵
明治35年（1902）、男爵位を贈られた頃のもの。いずれも前島密切手の原画となる。自筆の乗船名簿には「mayeshima」とサイン。

特　印
オリーブの枝と手紙で
結ばれた地球

UPU加盟25年特印
明治35年（1902）
6月20～22日使用

を準備、記念切手の発行にも力を注ぎました。

切手は国内外用のそれぞれ葉書、封書料金の4種、いずれも凝った図案です。葉書用の2種は中央に日の丸、左右に創業当初と現行の郵便旗（明治20年制定）を並べ、四隅に龍切手を配したものでした。印刷は凸版ですが、図案は細かく、龍切手は額面4種が揃っています。一方、封書用の2種は横長の大形で、京橋区木挽町（現在の銀座郵便局の地）にあった逓信省庁舎を描きます。重厚な赤煉瓦造りの明治建築、当時は東京一の規模でしたが、惜しいことに2年後の関東大震災で全焼しました。建物を斜め前から描く遠近感を生かした構図や細かな線は、戦前の凹版彫刻の到達点です。用紙は薄手の白紙で、周囲を広くとった贅沢なデザインですが、センターの良い物を捜すのは、けっこう大変です。

■万国郵便連合（UPU）加盟50年紀念

万国郵便連合（＊1）は、明治7年（1874）、スイスのベルンで22ヵ国の代表により締結された条約で発足しました。加盟国間の郵便の自由な交換が目的で、日本は3年後に加盟を認められました。明治初期の不平等条約解消の一つ、わが国にとっては大きな成果でした。昭和2年（1927）はそれからちょうど半世紀。折しも前年末に大正天皇が崩御、諒闇（服喪）中のため祝典の行事はなく、記念切手と特印の使用に留まりました。

切手は郵便創始50年と同じ4種、しかし2年前に外国郵便料金が引き下げられているため、国外葉書用は6銭となりました。国内用の2種は中形、外国用の2種は大形で、それぞれ同図案、これまでの発行ではなかった構成です。国内用はわが国の〝郵便の父〟前島密の肖像を描いています。肖像の下には人名も入れられました。外国用の2種は、万国地図を大きく描き、鳩には通信・伝書鳩が配されています。地図は世界を結ぶ郵便、羽ばたく平和のシンボルの意が込められています。

切手は製造期間の関係で、凹版の原版を元にした平版印刷。

Check!

定常変種の楽しみ

UPU加盟50年6銭

正規　ヒゲ6　ヒゲ6の修正

正規　戈（か）曲がり

UPU加盟50年10銭

正規　キューバ島欠け

スイスのベルン市に建てられた、万国郵便連合記念碑。東京郵楽会発行「万国郵便連合加盟50年記念絵葉書」より。

ダイナミックな図案で、原版の彫刻は、横方向の線だけで顔の表情を出すのに苦労したと言われています。なお、6銭には〝ヒゲ六〟と〝戈（か）曲がり〟と呼ばれる有名な定常変種が存在し、10銭には〝キューバ島欠け〟と呼ばれる変種も見られます。

＊1 万国郵便連合：UPU＝Universal Postal Unionの略。日本の加盟当時はGPU＝一般郵便連合と呼称した。日本は独立国として23番目の加盟国。現在は世界の190の国または地域が参加。

擬信はがき

萬國郵便聯合加盟五十年記念
郵便展覽會
◆會期 六月十九日より廿八日まで
◆會場 大阪三越呉服店東館六階
主催 大阪朝日新聞社
後援 遞信省

この消印は當會場にて實演の自働押印機に依つたものであります。この押印機は一分間に約五百枚のハガキを押印する最も精巧な機械でありまして、我國では大都市の郵便局で使用されてをります。

郵便標語
書狀に標準封筒
大中小の區別あり
名宛は詳しく明瞭に
切手は必ず左の上

大阪 三越呉服店 昭和二年

万国郵便連合加盟50年を記念して、大阪で開かれた展覧会で実演された標語入り機械印の実演絵葉書。

収集ミニ知識

戦前記(紀)念切手の発行数

当時は、切手発行数の発表がなく、多くの場合、印刷局の記録から製造数を把握、そこから贈呈用等を除外した概数を後年に推定している。ちなみに郵便創始50年紀念の製造数は、1銭5厘・3銭がともに545万枚に対して、4銭24万枚、10銭10万枚。外国用が極端に少なく、地方では、外国用額面の配給が数枚という局もあり、当時の収集家は入手に苦労した。

日本で最初の〝組み合わせ切手〟

最近では当たり前の〝組み合わせ小型シート〟は、切手収集家を意識した、創作性の高い切手と言えましょう。収集家を対象としての発行ですから、印刷は美しく、シート配置にも細かな配慮がなされます。この小型シートには、高額の切手が組み合わされ、一般庶民には〝高額の華〟。封書料金が3銭の時代に、額面合計額=売価77銭は、まだ富裕層の収集家にしか手が出ない贅沢な切手でした。

明治4年(1871)3月10日(陰暦)、わが国に郵便制度が発足しました。これを太陽暦に直すと4月20日。この日を記念して制定されたのが、〝逓信記念日〟でした。現在でもお馴染みの、切手趣味週間のルーツです。

一般に「制定シート」と呼ばれる小型シートは、この記念日制定を祝して発行された、わが国最初の〝組み合わせ郵便切手〟です。小型シートの構成は、当時発行されていた航空切手4種。精巧な凹版印刷で、刷色も美しい〝芦ノ湖航空〟の切手四種類が刷り込まれています。切手自体は既発行のものでしたので、逓信省からの正式な省令

小型シートの切手部分。既発行の芦ノ湖航空4種。

特印

逓信記念日制定記念

特印が押された小型シート。1回の押印で4種の切手に掛かるように設計されている。

はありません。それに代わって出された発行の趣旨には、このシートが日本橋三越と逓信博物館(当時は牛込見附に所在)で開催される、逓信文化展の会場内のみで販売される事が記されていました。

芦ノ湖航空９½銭の原画（郵政博物館所蔵）。他の３種は昭和４年（1929）の発行であるが、９½銭は料金改定により、８½銭に代わって昭和９年（1934）３月１日に発行された。

印刷は手刷りで、印刷局で一日4千枚を刷るのが精一杯だったと伝えられています。発行数はわずかに2万枚。展覧会は多くの来場者で賑わいましたが、意外にもこのシートは売れ残りました。切手趣味がまだ普及していなかった当時、単に記念として1枚77銭もするシートを購入する人は少なかったのでしょう。しかし、通信販売もなく、地方の収集家たちは、東京の知人を頼ったりして、入手に苦労したと言われています。

日本絵葉書協会発行の記念絵葉書　逓信記念日制定の記念絵葉書は、民間の逓信協会と日本絵葉書協会から発行された。右は後者の絵葉書を入れる畳紙（たとう）。当時の丸型ポスト（赤は普通便用、青は航空便用）が描かれる。

万国郵便連合加盟25年祝典の贈呈用切手帖

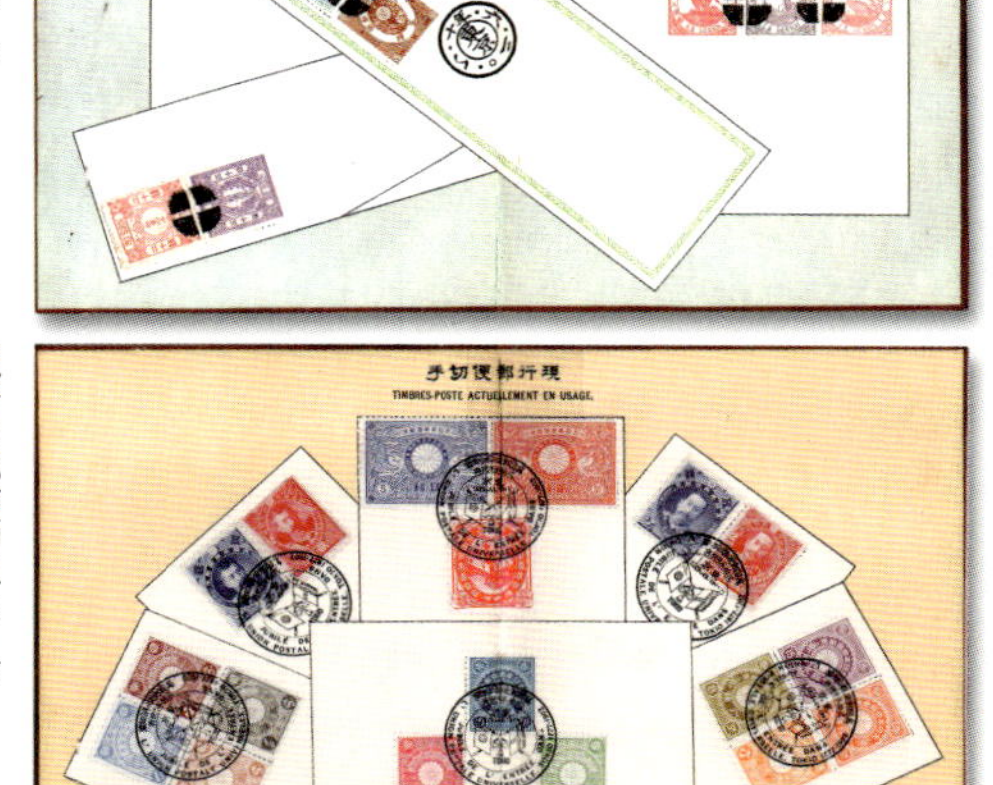

加盟当時の郵便切手ページ

現行の郵便切手ページ

表紙

紀念局のゴム製特印
祝典会場に設置。他の局の特印は全て金属製。

明治35年（1902）の『万国郵便連合加盟25年祝典』には、記念切手は発行されなかった。しかし、わが国で初めて逓信省発行の「紀念絵葉書」（6種組・60ページ参照）が発売され、併せて「紀念特印」も初めて使用された。盛大な〝祝典〟には内外の高官が招待され、日本の郵便制度の近代化をアピールする絶好の機会となった。この時、招待者に配布されたのが『紀念郵便切手帖』である。

制作数500部、A5判の厚紙仕立て、表紙はシルク＝絹貼り装。大変丁寧な装丁で、内部は「加盟当時の郵便切手」と「現行の郵便切手」が、それぞれ見開きで2ページずつ。逓信省に在庫していた実物の切手が、各ページにベタ貼りされている。「加盟当時の…」ページには、鳥切手3種を含む手彫と初期発行の旧小判切手が12種。また「現行の…」ページには、当時発売中の菊切手14種と明治天皇銀婚式、日清戦争勝利、そして大正天皇結婚式まで、当時発行されていた記念切手3件7種の全て。

加えて興味深いのは、これらの切手に押された〝消印〟。切手を貼付した後に、黒色で消印が印刷！されている。「加盟当時の…」ページには白抜き十字印が、また「現行の…」ページには祝典の「紀念特印」が、である。

私の所蔵する切手帖には、扉に祝典会場に設けられた「紀念局」の特印も押印されている（紀念局のみがゴム製、他の局は全て金属製。印影（60ページ参照）を比べると、その違いが良く分かる）。人気のマテリアルだが、そこそこ市場には現れるので、根気よく探せば入手できる可能性がある。

第四章

国家事業

第1回国勢調査紀念◇1920年(大正9)9月25日発行・2種 凸版
第2回国勢調査記念◇1930年(昭和5)9月25日発行・2種 凹版

国勢調査、その故事と海外への野心

〝厄介(やっかい)なお妾(めかけ)さんソレは斯(か)う書く〟…。第1次世界大戦〝戦勝国〟として、世界5大国の仲間入りを自認した日本。大正9年(1920)、初めての国勢調査が行われました。国勢調査は、国力を把握するための重要な政策。広く一般民衆に、調査への協力を周知させる必要がありました。冒頭の一文は、その周知のため大阪の新聞社が主催した「国勢調査宣伝講演会」のテーマ。居所ごとに実際の居住者全員を把握したい、そんな調査の目的が伝わってきます。

■第1回国勢調査紀念
―眼目は職業調べが政治の基礎(*1)

日本の近代国家の体制は明治年間にほぼ完成しましたが、国民の人口・土地・財産・生活については、まだ完全に把握しきれていませんでした。このため明治14年(1881)、政府は統計院を設立、明治35年(1902)には「国勢調査ニ関スル法律」もできましたが、調査方法や費用の問題で、全国的な調査が実現しない

特印

第1回国勢調査紀念
図案は、大化の改新に際して行われたという、戸籍閲覧の場面。国司が戸籍に署名しようとしている。

まま時が経ちました。しかし明治38年（1905）、台湾での臨時戸口調査を手始めに、その方法や内容が検討され、いよいよ大正9年（1920）10月1日午前0時を期して、第一回国勢調査が行われました。

大衆向けの宣伝文句は大変砕けたものでしたが、切手の図案は重厚です。古代国司の戸籍閲覧の図。これは「大化改新」（645年）の時に、朝廷が国司に命じて戸籍を調査させたという故事に基づくもの。幘（＝冠）を被り、「烏皮の履」を履いた国司が「倚子（＊2）」に半跏趺座、先の短い「雀頭筆」を手に、まさに戸籍に署名しようとしている場面です。人物も調度品もすべて〝唐風〟。当時の英字新聞には、日本の切手なのに何故すべてが〝中国風〟なのだ、という記事が載ったほどです。

しかし、図案の考証は綿密でした。帝室博物館・高橋健自（紋章学の権威）の考証で、図案は逓信博物館の樋畑雪湖の作。大化の戸籍は、史実とは言えませんが、8世紀（奈良時代）には「大宝律令」に基づく戸籍（年籍）編纂の記録があります。この時代の官人の姿を描いたとすれば、決して不自然ではありません。

凸版印刷ながら、木版刷りの雰囲気を狙った傑作で、色彩も葉書用は「深蘇芳」、封書用は「韓紅」。額面の文字まで正倉院に伝わる戸籍帳からの複写と、どこまでも故実にこだわった力作でした。

しかし、この切手も外国郵便には使えず、国内での使用も発行6日後の調査当日から翌年3月末まで。用紙は薄手の白紙ですが、長年の湿気で黄ばみが出やすく、フレッシュな状態の切手を捜すのは意外に大変です。

当時の絵葉書より。午前零時を期して、戸ごとの居住者をありのままに…実際に深夜零時きっかりに申告書に記入した人も多かった。

■第2回国勢調査記念
―輝く"帝国"の国土

国勢調査は、世界統計の比較に都合が良いよう、西暦年号の末尾に0か1が付く年に行われるという国際的な慣行があります。日本では大正9年（1920）以来、一回（昭和22年）を除き、5年毎に行われて現在に至っています。昭和5年の調査は、初回の調査からちょうど10年目、「第2回」とありますが、その中間の大正14年（1925）に簡易国勢調査が実施されましたので、実質的には3回目の調査になりました。

切手は、昭和の安定期を感じさせるように、精緻な凹版で見事な仕上がり、用紙も純白で黄ばみにくくなりました。図案は、前回のどこまでも故実にこだわったものから一転、今回は当時の日本全図です。本土を中心に、北は北緯50度以南の樺太・占守島以南の千島、西北は朝鮮、西南は台湾、また南は北マリアナ諸島まで。海外への領土的な野心が感じられます。

よく見れば、当時の中国からの租借地、"関東州"もべた塗り。あたかも日本固有の領土であると主張しているように見えるのは、穿ち過ぎでしょうか。今回も、国内用の葉書・封書料金の2種の発行でしたが、使用期間の制限はなく、外国郵便にも使えました。

＊1　宣伝講演会テーマの一つ。
＊2　天皇や高官の公卿が儀式で腰掛ける椅子。

第2回国勢調査にあわせて発行された、日本統計普及協会発行の絵葉書。本土と外地の人口密度を示すとともに、左上に欧米と日本の「一人当たりの所得」が比較されている。

特　印

第２回国勢調査記念

当時の日本全図を描く図案。北方領土から朝鮮と台湾、南は北マリアナ諸島（当時は信託統治領）まで。領土的な野心がのぞく。

国勢調査こぼれ話

国勢調査員は各地の名士様、〝国民を代表する名誉職〟だった！

調査日時は、比較的人口動態が安定した季節・時間帯、かつ１年の４分の３を経過した時期を選んで決められ、調査への協力は、国民の義務とされた。官民あげての意識高揚が盛んに行われたのはこのため。国勢調査員は、〝国民を代表する名誉職〟、各地の名士が任命された。

〝申告書に書くのは八つの事柄〟（宣伝講演会テーマの一つ）で、国民一人一人の身の上から職業までを調査する形は、欧米型の人口調査主体の〝センサス（census 国勢調査）〟とは、大きく異なっていた。

右／国勢調査員に支給されたバッジ。調査員は銀色に輝くバッジを胸に、直接各戸を訪問して記入済の申告書を回収した。

左／国勢調査申告書をそのまま縮少した絵葉書。東京や大阪などの統計協会から発行された。当時、国勢調査は国民あげての一大イベントであった。

【国勢調査の結果】　第１回国勢調査では内地人口5,596万3,053人、この時国勢調査が行われなかった朝鮮を除く外地を合わせると、６千万人を越えていた。第２回国勢調査時は、内地人口6,444万7,724人、外地人口を合わせると9,179万2,639人。内地人口のみを比較すると、現在はこの当時の約２倍になっている。

日本の伝統文化、伝承の知恵と技術の結晶

明治政府は、神道を〝国家の宗祀〟と定め、国民の精神的な規範としました。伊勢の神宮は特に〝皇室の宗廟〟、内宮には皇室の祖先神である天照大神が、また外宮には全ての食物を司る豊受大神がお祀りされています。20年に一度の正遷宮は、神様がお住まいの御正殿を新しく建て替える重大な儀式。昭和4年の正遷宮には、格調の高い切手が発行されました。

「神宮」は伊勢神宮の正式名称です。皇室の祖先神、天照大神（内宮＝皇大神宮）と、すべての食物を司る豊受大神（外宮＝豊受大神宮）をお祀りした神社で、全国の神社の〝本宗〟として仰がれています。神宮では20年に一度、神様のお住まい〝御正殿〟をはじめ、すべての殿舎とご神宝を、新たに建て替え、作り替える儀式が、飛鳥時代（持統天皇4年（690））から、中断した時期もありますが、連綿と受け継がれています。これが神宮の式年遷宮です。遷宮の準備は、何年も前から行われますが、20年という間隔は、伝統建築や工芸技術を次世代に伝承していくためのちょうど良い年限。技術伝承の知恵でもあります。

神宮式年遷宮記念
杉木立越しの内宮御正殿と西宝殿。

特印
菅（すげ）と紫の御さしば、松明（たいまつ）を描く。

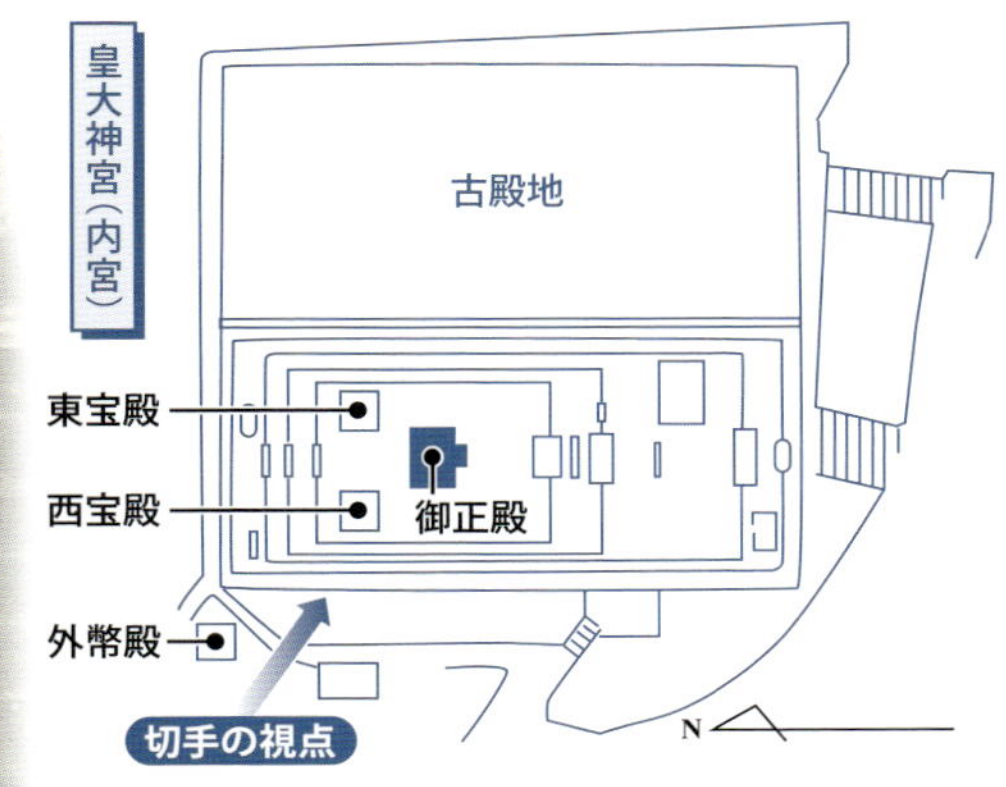

神宮御正殿の敷地は東西に２個所あり、式年遷宮毎にその位置が交替する(現在は西御敷地＝切手の構図と同じ)。内宮の御正殿は、東西２棟の宝殿と共に、４重の板塀・板垣で囲まれている。切手図案は北西側、外幣殿(げへいでん)附近からの構図。「奥に御正殿、手前に西宝殿」の屋根のみが望まれる。西宝殿、東宝殿には、各種調度品(ご神宝)をお備えする。当時の絵葉書より。

昭和４年(1929)は、ちょうど58回目のご遷宮。新しい御正殿に、いよいよ神様がお遷り頂く儀式の年でした。切手は、内宮のご遷宮(10月2日)、外宮のご遷宮(10月5日)に併せて、２種が発行されました。図案は内宮、杉木立越しの御正殿と西宝殿です。板垣に囲われているので、御屋根のみしか望めませんが、唯一神明造り(＊1)と呼ばれる建築型式。棟の上に置かれた鰹木と、まっすぐに伸びる千木が、細かな凹版の彫刻で巧みに描かれています。鮮やかな青紫と紅赤の刷色、広いマージンとともに、清楚なイメージを感じさせる名品です。

＊1　唯一神明造り：神宮御正殿独特の建築様式。伊勢神宮系の神社には、これを模した社殿が多く、「神明造り」と称される。

明治の式年遷宮紀念絵葉書。明治42年(1909)は第57回の式年遷宮。記念切手は発行されなかった。

戦後の式年遷宮。昭和28年（1953）発行の伊勢志摩国立公園のFDC（初日カバー）、第59回式年遷宮を併せて記念したもの。

ご遷宮メモ

ご遷宮に際し、神様の調度品であるご神宝もすべて新しく造り替えられる。その数714種1576点。神様のお召しになるご装束から、機織り具、楽器、鏡、太刀、文具などの調度品まで、金工や漆工など最高の技術を尽くした逸品。平安時代の『儀式帳』の規定が守られている。ご遷宮で撤下されたご神宝は、江戸時代までは、全て埋めるか焼却する習わしだったが、明治時代からは神宮で保管、その一部は神宮徴古（ちょうこ）館で見学できる。

神宮徴古館は、神宮農業館、神宮美術館と共に、神宮の博物館。内宮と外宮の中間、伊勢市神田久志本町にある。本館は明治時代のルネサンス様式、石造りの重厚な建物（登録文化財）。

http://www.isejingu.or.jp

雰囲気を盛り上げる祭りと行事

遷宮の準備は、十年以上も前から始まる。御神体を納める御樋代（みひしろ）の用材を山から切り出す「御杣始祭（みそまはじめさい）」、神殿建築の御用材を神宮に運び込む「お木曳（きひ）き行事」、新築された神殿の周囲に敷く白い石を奉納する「お白石曳（しらいしびき）行事」など、数々のお祭りと行事で、次第に雰囲気が盛り上って行く。次回の遷宮（第63回）は平成45年。

当時の絵葉書より。
右／お木曳き行事。
下／お白石曳行事。

お白石曳

御木曳之模様

第15回赤十字国際会議記念◇1934年（昭和9）10月1日発行・4種　凹版＋凸版
赤十字条約成立75年記念◇1939年（昭和14）11月15日発行・4種　グラビア

切手に見る日本赤十字社の歩み

赤十字の精神は、人道主義に基き、国家、人種、政治的意見の違いを超えて、人間として互いに尊重し合うことにあります。世界190の国と地域が加盟（2016年1月現在）する赤十字条約の始まりは、文久4年（1864）にまで遡ります。日本の条約加盟は、その22年後の明治19年（1886）11月。戦前には、この赤十字に関する記念切手が2件8種発行されています。

特　印

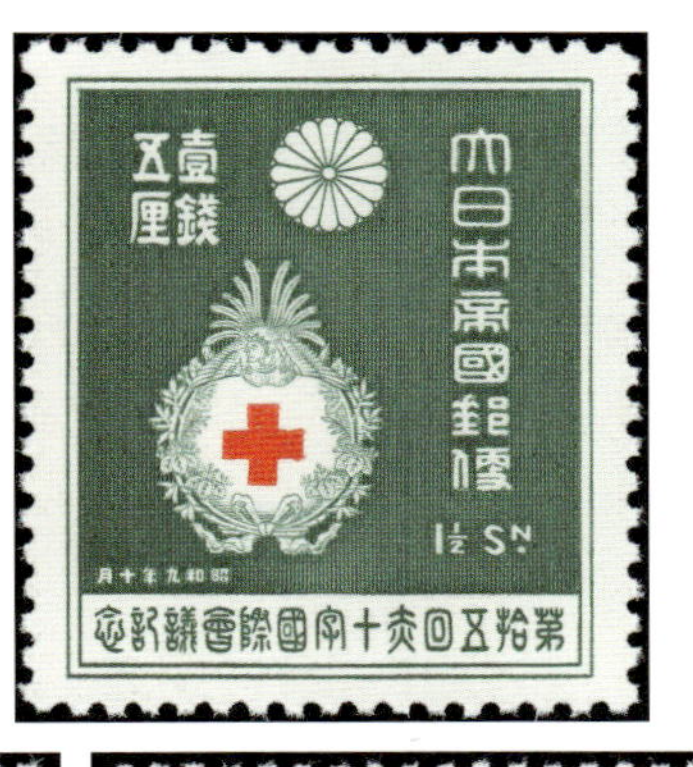

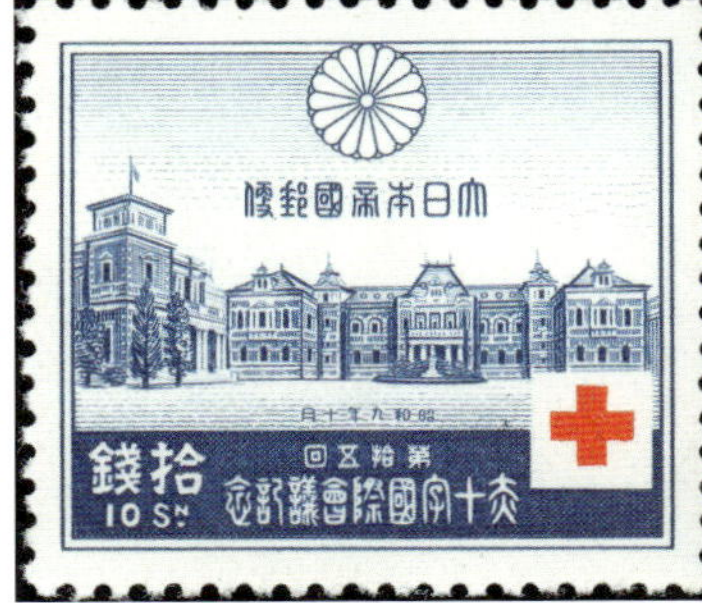

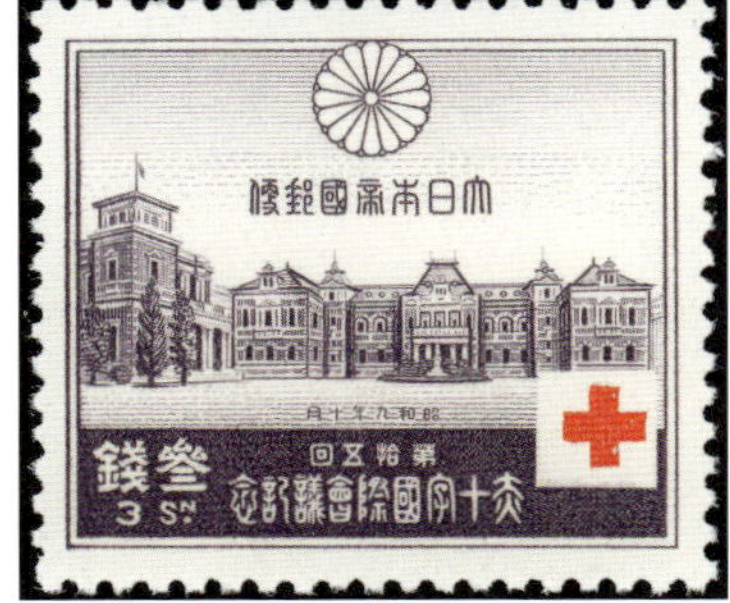

第15回赤十字国際会議記念　1銭5厘と6銭は内国・外国葉書用。日本赤十字社の正式な徽章。3銭と10銭は封書用。東京・芝公園にあった赤十字社の本部建物。すべて赤十字マーク部分のみが凸版印刷。「中心に印刷できないで困った」と、当時の印刷局職員で名彫刻家の加藤倉吉（かとうくらきち）が述懐している。

■第15回赤十字国際会議記念
—アジアで初の赤十字国際会議

赤十字条約（ジュネーブ諸条約）は、スイス人アンリ・デュナン（J.Henri Dunant）の主唱で議決された10の規約に基づき、翌1864年（文久4）の国際会議で結ばれた条約です。条約に基づく会議は第1回パリ大会（1867年）以来、ジュネーブの赤十字委員会と、大正8年（1919）からはパリに置かれた赤十字連盟、それに各加盟国代表が集まり4年毎に開かれています。

切手は、第15回の大会を記念したもの。それまで、第9回大会（1912年・アメリカ）以外、全てヨーロッパで開催されていた会議が、初めてアジア、しかも日本で開かれたのですから、その歓迎も半端ではありませんでした。

切手は、国際的な会議を意識して、重厚な凹版印刷の4種。これに凸版で、鮮やかに赤十字のマークが刷り込まれています。内・外国葉書用の2種は、〝赤十字を桐竹鳳凰で囲んだ〟日本赤十字社の正式な徽章。中央の赤十字マークは、主唱者デュナンをたたえ、スイス国旗の赤地に白十字を反転したものです（イスラム諸国は、赤い三日月の〝赤新月〟）。内国・外国封書用の2種は、大正元年に落成した、当時の日本赤十字社の本部建物で、東京の芝公園にあり、ここには赤十字博物館も併設されていました。

会議は10月20～29日、東京で開かれ、臨時郵便局も開局、「会議場内」表示の特印と、フランス語表記の欧文黒活印も使われました。

■赤十字条約成立75年記念
—日本赤十字の原点：佐野常民

赤十字条約が1864年にジュネーブの国際会議で結ばれてから75周年を

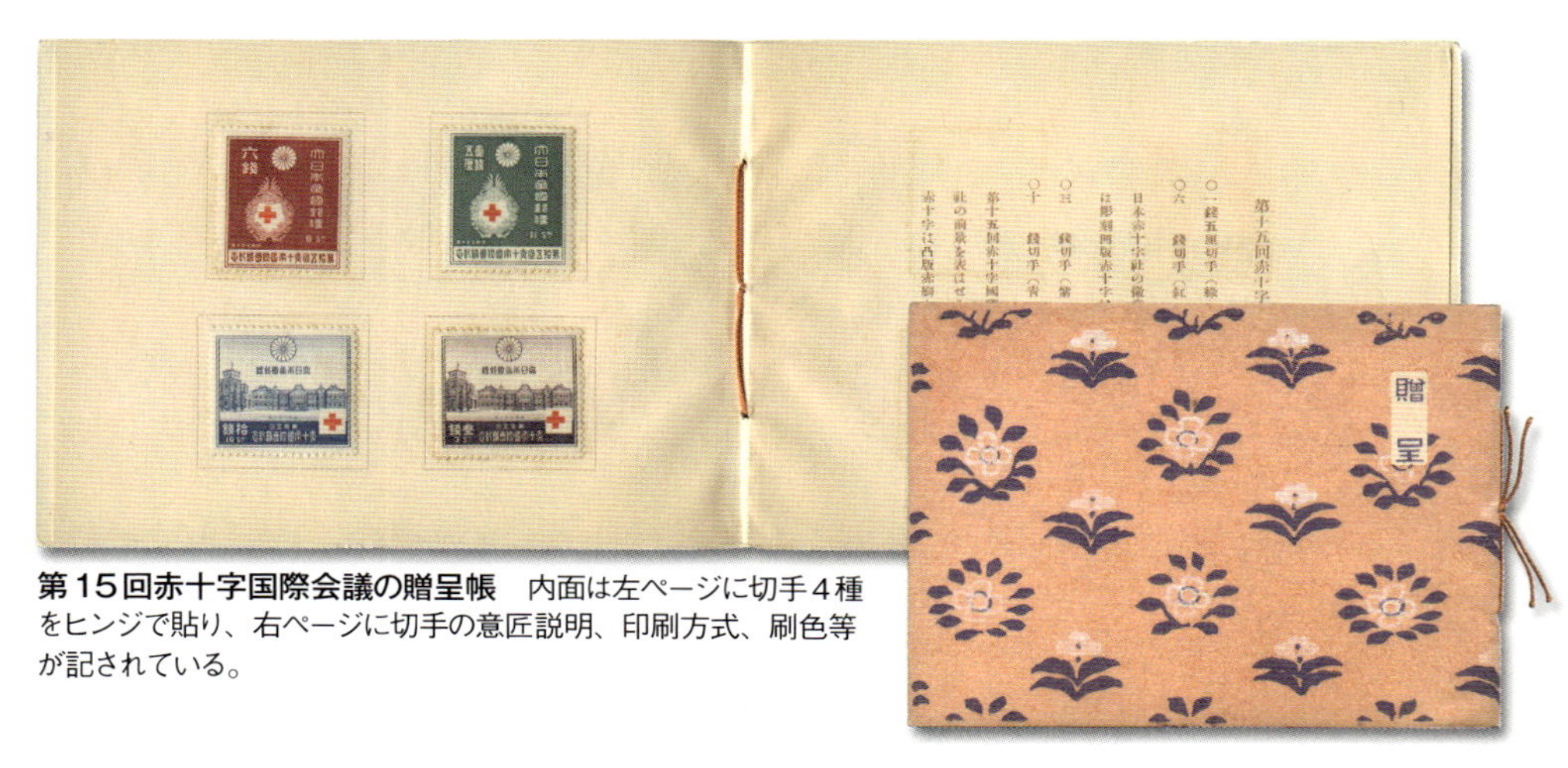

第15回赤十字国際会議の贈呈帳　内面は左ページに切手4種をヒンジで貼り、右ページに切手の意匠説明、印刷方式、刷色等が記されている。

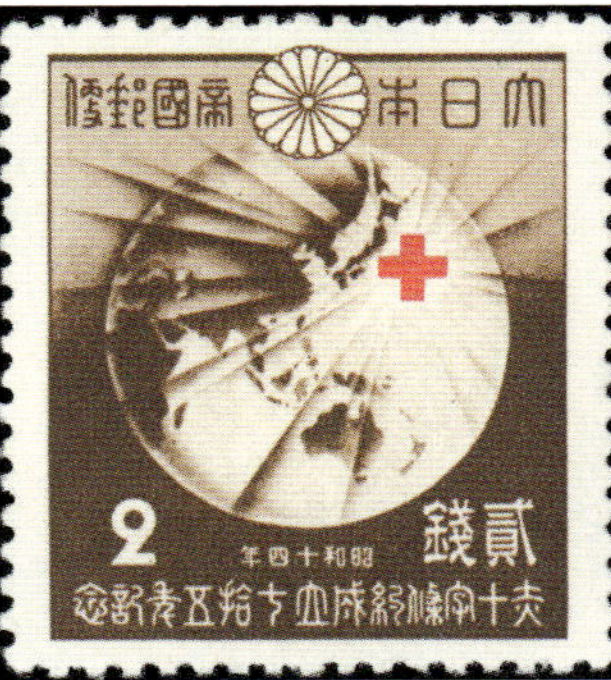

赤十字条約成立75年記念

2銭と10銭は内国・外国葉書用。活動の広がりを示す地球と光芒。
4銭と20銭は封書用。日本赤十字社初代社長、佐野常民。

特印

迎え、赤十字国際委員会は昭和14年（1939）の11月15日を「赤十字デー」と定め、記念祝典を開きました。江戸時代に成立した条約に関して、日本が4種もの切手を発行したのは、大国を自認するがゆえの対外的アクションであったとも考えられます。

その裏返しか、切手の図案には、内・外封書用の2種に、日本の赤十字の祖、佐野常民が描かれています。佐賀に生まれた佐野常民は、医学に通じ、元老院長官となった人です。明治10年（1877）の西南戦争で、その惨状を目のあたりにして「博愛社」を創設、敵味方の区別なく負傷者の救護に尽くしました。わが国における〝赤十字〟活動の始まりです。明治19年（1886）、日本も赤十字条約に加盟、翌20年、博愛社は日本赤十字社と改称、国際赤十字の仲間入りを果たしました。佐野常民はその初代社長です。

内国・外国葉書用の2種は、赤十字活動の広がりを表わす地球に、赤十字が世界光明の象徴であることを示す〝光芒〟をあしらっています。版式はいずれもグラビア。今回は赤十字のマークもグラビアで入れられました。

当時は、年毎に戦時色が強まる時代。昭和11年（1936）の国会議事堂竣工記念に比べて発行数は半減、さらに記念切手は外国に輸出して外貨獲得に資するように、と説かれるようになっていました。しかしまだ、切手の印刷技術も安定していて、刷り上がりもクリアーです。

記念切手の20面シートと〝題字〟

記念切手のシートでお馴染みの〝題字〟は、「第15回赤十字国際会議記念」の20面シートに入れられたものが、日本切手では最初(左)。またそれまでの大判シートから20面シートへの変更は、単片収集を基本とした切手収集に、シート買いの習慣を持たせようとするもの。いずれも、その背景には欧米型の購買力向上への期待と、切手による増収策がある。翌年の満州国皇帝来訪も、20面シートで発行されたが、その後は50面シートに戻された＊。記念特殊切手で20面シートが一般化するのは、戦後の「文化人切手」の頃からである。

＊昭和11年用年賀には、小型シートの扱いだが、20面シートがある。

シート単位の購入を促すため、コンパクトな20面シートで、耳紙の上部には題字も印刷されている。このシート構成をとる戦前記念切手は「赤十字国際会議」と「満州国皇帝来訪」記念の、2件8種類のみ。櫛型目打による穿孔だが、最下段の一列のみは単線目打となる。本品はその目打が漏れた、貴重なエラー(偶発変種)。

XVe C.I.C.R.
TOKIO
29.10.34
NIPPON

フランス語表記の欧文黒活印

「会議場内」表示、フランス語表記の特印

帝国議会議事堂完成記念 ◇ 1936年(昭和11)11月17日・4種 凹版

震災前に着工して17年、議会議事堂が竣工

しばしの平和の中でスタートした昭和時代、国力は安定し、記念切手も凹版印刷の美しいものが発行されました。帝国議会議事堂竣工記念です。世界的に凹版印刷の切手が盛行した時代、これらはどこに出しても遜色のない、精巧な切手です。ぜひじっくりと実物を観察してみてください。

帝国議会議事堂完成記念

1銭5厘と10銭は議事堂正面。3銭と6銭は皇室用の階段。

特　印

明治23年（1890）の帝国議会開設で、日本も議会政治の時代に入りました。しかし、本格的な議事堂は、明治以来3回の仮議事堂を経て、大正7年（1918）の「臨時議院建築局」設置でようやく実現に向かいました。設計は広く公募され、宮内技手渡辺福三の案が1等に当選、大正9年（1920）着工、震災を経て昭和2年（1927）に上棟祭、そして昭和11年（1936）ついに竣工しました。工期は何と17年。2・26事件では、完成直前の議事堂が占拠され、当初から歴史の舞台となりました。完成時の建坪は12396㎡、中央の

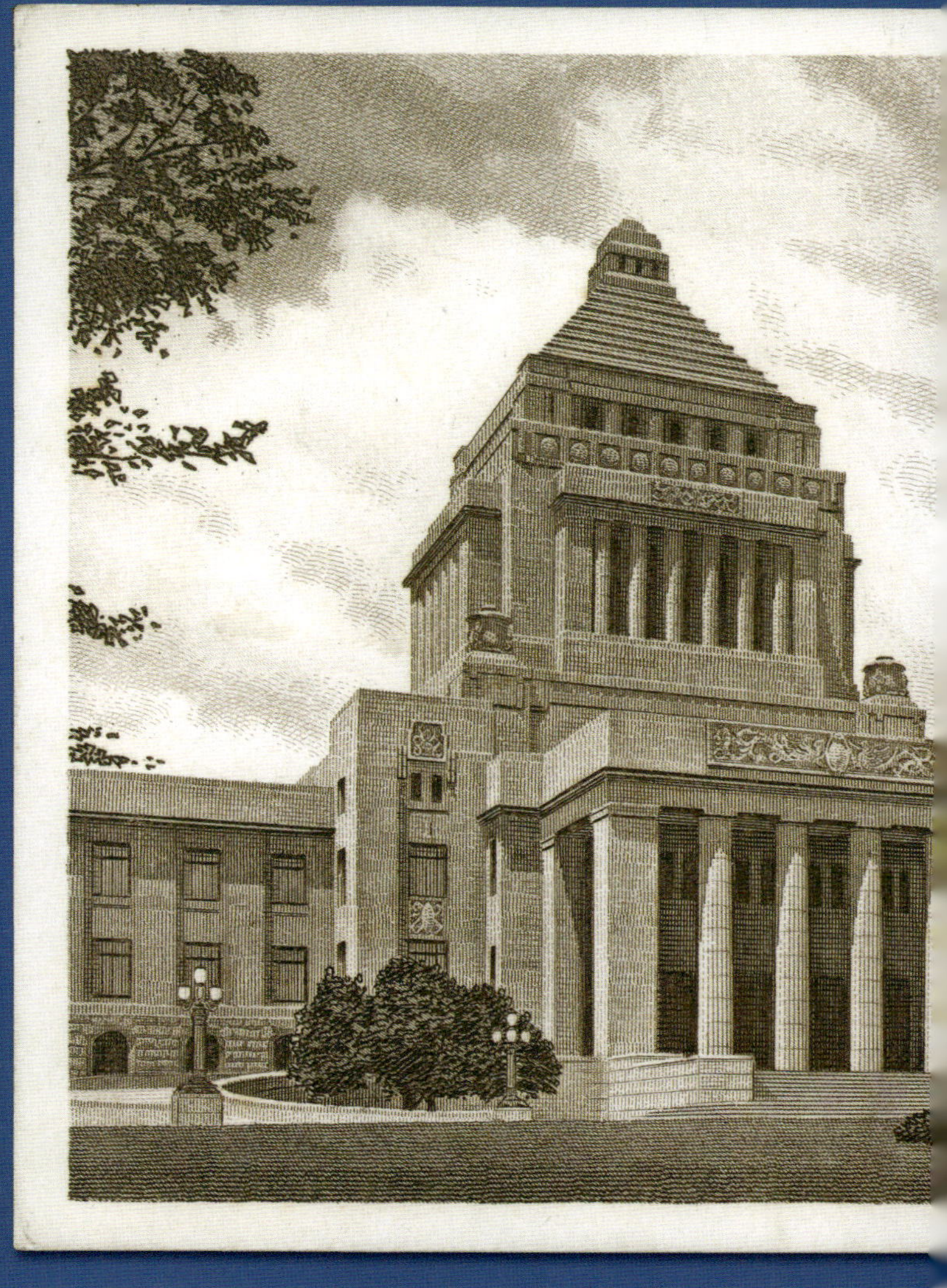

帝国議会議事堂竣工記念切手と共に、記念絵葉書も1種発行された。それまでの逓信省記念絵葉書と異なり、今回は、初めての料額印面1銭5厘が付いた絵葉書である。絵面は凹版単色刷り。料額印面の図案(下)は、わが国の議会政治の創始者の一人、伊藤博文。

塔は高さ65m。わが国近代建築技術の結晶、今もその偉容を誇っています。

竣工記念の切手は、議事堂を正面に向かって右手から描いた2種と、皇室用の階段を描いた2種です。今回は国の内外にアピールする目的もあり、国内・外国用のそれぞれ葉書・封書用料金でした。印刷は凹版単色刷り、刷色は国内用の1銭5厘、3銭がそれぞれ緑と茶紫、外国用の6銭、10銭は、UPU色に準拠したこい紅とこい青です。普通切手2枚分のスマートな横長サイズ、用紙には着色繊維と波形の大正すかしが入れられています。

最新技術で刷られた国策切手

「局式凹版」という言葉をお聞きになったことがありますか？　これは戦前、日本の印刷局が独自に開発した世界に誇る最新の印刷技術の名称です。戦前の記念切手を集める楽しさには、その図案の緻密さだけでなく、技術立国日本のあけぼのをかいま見るような、当時最新の印刷技術を知ることも含まれています。

新技術〝局式凹版〟のデビュー

「国家総動員法」の発令（昭和13年）など、年々戦争の気配が強まる中、昭和15年（1940）、日本は「紀元2600年」を迎えました。戦前には、史実として語られた〝建国神話〟で、神武天皇が畝傍橿原宮で即位されてから、ちょうど2600年。それがこの年であると、定められたのです。国策として日本は奉祝ムード一色

紀元2600年記念
2銭：金鵄。4銭：高千穂の峯。10銭：厳瓶と鮎。20銭：橿原神宮。2銭と10銭は2月11日発行で、4銭と20銭は11月10日発行。

特印

に。その背後には、日本の優越性を国民に知らしめ、その精神的な結束を高めようとした政府の意図が見え隠れします。2月と11月、2回に分けての記念切手の発行も、実はその一環でした。

さて、このような時代背景を持つ切手ですが、印刷局の技術は光ります。4種それぞれ異図案、そして初めての局式凹版。ルーペで覗くと、盛り上がりある線の集合で、図案が力強く描かれていることが分かります。〝局式〟とは、印刷局独自の、という意味。グラビア印刷の一型式ですが、印刷効果は抜群。当時、この技術は機密扱いとされました。

図案は、長髄彦との戦いで神武天皇を勝利に導いた「金鵄」を描く2銭、天孫瓊瓊杵尊が高天原から天降ったと伝えられる「高千穂の峯」を描く4銭、神聖な御酒を供える「厳瓶と鮎」を描いた10銭、そして明治23年（1890）、神武天皇即位の「聖蹟」の地に創建された橿原神宮の内拝殿とご本殿を描く20銭です。

← 浦安の舞

「扇の舞」と「鈴の舞」の2段で構成される神楽舞で、左の図は後者。神楽鈴を執って舞う。

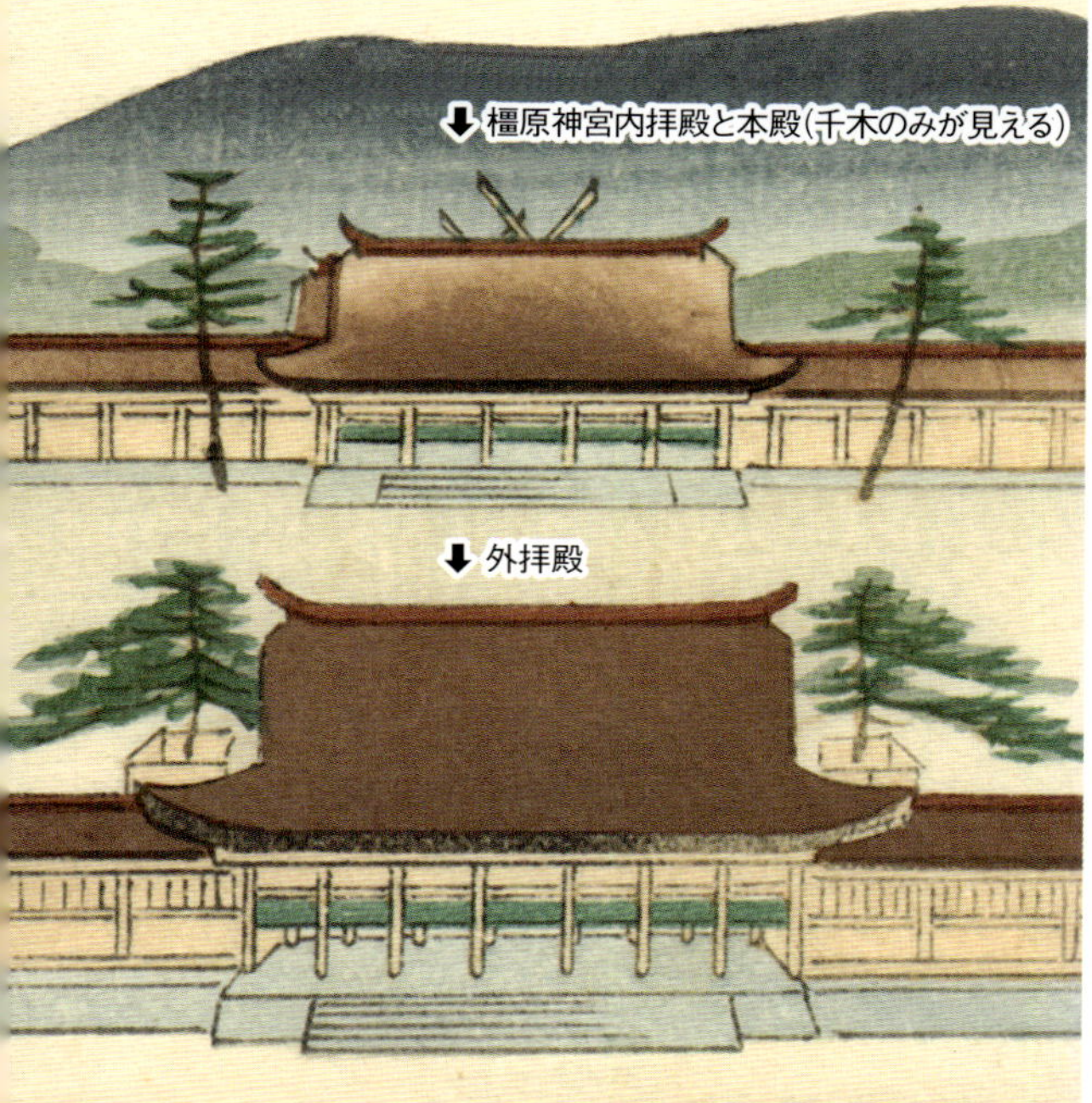

↓ 橿原神宮内拝殿と本殿（千木のみが見える）

↓ 外拝殿

聖蹟の地・橿原（かしはら）神宮

奈良県・畝傍山の麓に造営された橿原神宮の地は、縄文時代の遺跡で、当時の樫の木の巨大な根が多数出土した。また、浦安の舞は紀元2600年を記念して創作された神楽舞。今も各地の神社で奏でられている。当時の木版画絵葉書より。

これらは国内用・外国用の葉書・封書料金ですが、額面4種の図案がすべて異なる記念切手の発行は、今回が初めてでした。当時の逓信当局の人たちの、力の入れ方が良く伝わってくる逸品です。

橿原神宮外拝殿を描く写真絵葉書。紀元2600年20銭貼りの特印付き。

収集ミニ知識

その後の局式凹版切手

切手部分拡大図

印刷局が独自に開発した新技術。印刷原理は従来のグラビア印刷と同じだが、製版時に網目スクリーンの代わりにさまざまな太さの曲・直線を使う。描線部の盛り上がり感が彫刻凹版以上に顕著で、印刷に重厚感が出せる。「紀元2600年」と「満州国建国10周年」(71ページ)各4種のほか、「教育勅語50年記念」2種もこの版式。熟練した技術を要し、またそれが機密扱いされた事も災いし、切手の印刷方式としてはあまり普及しなかった。戦後は1956年「西海国立公園10円」❶、1966年「切手趣味週間・蝶」❷、1978年「第61回ライオンズ国際大会」❸、1990年「国際文通週間(鳥獣戯画)」❹で使用されている。

教育勅語50年記念 ◇ 1940年(昭和15)10月25日・2種 局式凹版

国の繁栄は教育から…

明治政府は、明治5年(1872)に「学制」を、明治12年(1879)には「教育令」を公布して、"国民皆学"を目指しました。それから11年、「教育勅語」には政府の教育方針が示されています。天皇の名のもと、近代日本の人々に、精神的・倫理的な"道"が示されたのです。全国の小学校には、昭和10年頃から、両陛下の"御真影(=写真)"と、教育勅語の写しを納めた「奉安殿」が盛んに作られました。

明治時代、西欧文化の急速な流入は、その後の産業発展に大いに貢献しましたが、その反面、日本古来の倫理道徳が失われる危機感も次第に高まりました。国の繁栄はまず、教育から…その教育＝徳育の基本を立てるため、明治23年(1890)10月30日、天皇の命で公布されたのが「教育ニ関スル勅語」、略して「教育勅語」でした。

昭和15年(1940)は、折しも紀元2600年。国中が祝賀ムードに沸きました。ちょうどこの年に公布50年を迎えたのが、教育勅語だったのです。国民の道徳精神をさらに高めるための好機、切手の発行もその一環です。切手の図案は2種。葉書用の2銭は、明治神宮外苑の聖徳記念絵画館蔵、安宅安五郎(＊1)筆の「教育勅語下賜ノ図」、公布当日、時の山県有朋首相が勅語を奉持した芳川顕正文相を従え、宮中を退出する光景です。封書用の4銭は、勅語の中心的な徳目である「忠孝」の2文

特印

教育勅語50年記念
2銭は安宅安五郎筆「勅語下賜ノ図」。4銭は「忠孝」の文字。

字を加曽利鼎造（かそりていぞう）（＊2）が描いています。題字は公布ではなく「渙発（かんぱつ）」（詔勅＝天皇の命令を広く天下に発布すること）、ここにも当時の世相が垣間見られます。この2種の切手も、紀元2600年記念と同様、局式凹版による印刷。力強い曲線の組み合わせによる印刷は重厚、戦前の印刷局の技術的な到達点を示す作品です。

＊1　安宅安五郎（あたかやすごろう）：（明治16年（1883）－昭和35年（1960））、新潟市生まれ。洋画家。外地風景や戦争画などを多く描く。

＊2　加曽利鼎造（かそりていぞう）：逓信省の切手デザイナー。

朕惟フニ我カ皇祖皇宗國ヲ肇ムルコト宏遠ニ德ヲ樹ツルコト深厚ナリ我カ臣民克ク忠ニ克ク孝ニ億兆心ヲ一ニシテ世世厥ノ美ヲ濟セルハ此レ我カ國體ノ精華ニシテ教育ノ淵源亦實ニ此ニ存ス爾臣民父母ニ孝ニ兄弟ニ友ニ夫婦相和シ朋友相信シ恭儉己レヲ持シ博愛衆ニ及ホシ學ヲ修メ業ヲ習ヒ以テ智能ヲ啓發シ德器ヲ成就シ進テ公益ヲ廣メ世務ヲ開キ常ニ國憲ヲ重シ國法ニ遵ヒ一旦緩急アレハ義勇公ニ奉シ以テ天壤無窮ノ皇運ヲ扶翼スヘシ是ノ如キハ獨リ朕カ忠良ノ臣民タルノミナラス又以テ爾祖先ノ遺風ヲ顯彰スルニ足ラン

斯ノ道ハ實ニ我カ皇祖皇宗ノ遺訓ニシテ子孫臣民ノ倶ニ遵守スヘキ所之ヲ古今ニ通シテ謬ラス之ヲ中外ニ施シテ悖ラス朕爾臣民ト倶ニ拳拳服膺シテ咸其德ヲ一ニセンコトヲ庶幾フ

明治二十三年十月三十日

睦仁　天皇御璽

奉読された教育勅語　「教育ニ関スル勅語」の写しは、天皇陛下の肖像＝御真影（ごしんえい）と共に、全国の学校に下賜（かし）され、折りに触れて奉読（ほうどく）された。

教育勅語50年２銭の原画＝聖徳記念絵画館の壁画。宮殿表御座所の外観と、勅語を下賜され、御座所を退出する総理大臣・山県有朋と文部大臣・芳川顕正。「教育勅語下賜」安宅安五郎・画　聖徳記念絵画館 蔵

２銭切手の人物たち　力強い線の組み合わせで描かれた山県首相と芳川文相。勅語は奉持した文箱（ふばこ）に納められている。

鉄道70年記念◇1942年（昭和17）10月14日・1種　グラビア

列強に肩を並べる技術力

日本においても産業の発達はめざましく、その背景には明治時代から発達してきた鉄道技術の国産化もありました。戦前の記念切手にも、その歩みが良く反映されています。

「鉄道70年」の原画。蒸気機関車の図柄部分には、一部を修正した写真がはめ込まれている。郵政博物館所蔵。

明治5年（1872）、新橋～横浜間に鉄道が開業、鉄道は文明開化の象徴でした。明治20～30年代には、路線も全国津々浦々にまで伸び、わが国の富国強兵に不可欠な大量輸送機関となります。当初、主に英国から輸入した鉄道の技術は、その後積極的に国産化がなされ、大正時代には、その技術水準も外国の列強諸国と肩を並べます。台湾や朝鮮、そして樺太など外地の統治や開拓にも、鉄道は大きな役割を果たしました。

昭和16年（1941）、太平洋戦争の勃発は、鉄道輸送を軍需上からも重視する契機になりました。その翌年、鉄道は開業70年を迎えます。鉄

特印

鉄道70年記念
蒸気機関車C59形28号機。

鐵道七拾年記念切手

昭和十七年十月十四日

日本郵便切手会が発行した記念畳紙（たとう）。木版刷りで、明治5年（1872）、鉄道開業時に活躍した英国製150形蒸気機関車を描く。現在、1号機関車が鉄道博物館（大宮）に静態保存されている（重要文化財）

鐵道七十年記念

大東亞建設

完勝必成

昭和十七年十月十四日鐵道七十年を祝福して、記念切手五錢が發行され、又特殊通信日附印も全國主要郵便局で使用されることになつた。

切手五錢(暗青色)は國有鐵道幹線を走る特別急行列車牽引用として我が鐵道省が特に工夫研究を遂げ昭和十六年完成したC五九形最新式蒸氣機關車をグラビア版で現はしたもの、又日附印は明治五年文明開化の魁として始めて新橋・横濱間を走つた由緒ある第1號機關車を圖案化し季節に因み菊花を配したもので、何れも我が國鐵道七十年の歴史を偲び、更に輝かしい明日への發展を暗示するに相應しいものである。

大東亞戰爭下交通運輸網の整備確保が愈々急務とされるとき、鐵道七十年を契機として日本の鐵道から東亞否世界の鐵道へと飛躍しやうとする國鐵運輸陣不退轉の決意と七十年の結晶とも云ふべき最新最鋭の鐵道科學とがこの平和の彈丸、郵便切手に乘つて全世界に光被することは、洵に意義深いことである。

遞信博物館

逓信博物館が配布した解説シート

道省は2種類の切手発行を申請。その背景には、こうした時局があります。しかし、ちょうどその時、印刷局では「満州国建国10周年」の記念切手を印刷中で余力がなく、結局封書料金の1種のみが発行されました。

図案は、当時の最新型蒸気機関車C59-28号機、印刷はグラビアです。C59形は、C53形の後継機として開発された動輪3軸（Cはこの意味）、炭水車付の仕様で、昭和16年（1941）から22年（1947）まで、173両が製造されました。戦前・戦後では構造に細かな違いがありますが、戦前最強の、2シリンダー型〝ヘビーパシフィック〟幹線急行旅客用機関車でした。渋みのある黒緑色の刷色、後方に一直線に流れる白煙、図案に溢れる機関車の重量感とスピード感は、絶品でしょう。

この名機関車は、戦後も電化されるまで東海道本線で、さらにその後昭和45年（1970）まで呉線で活躍します。しかし現在、戦前型（1号機）が九州鉄道記念館（門司港）に、戦後型が京都鉄道博物館ほか1ヵ所（広島）に静態保存されているのみ。今、そのドラフト音を聞くことができないのは、残念でなりません。

上から世界大戦平和紀念4銭、郵便創始50年紀念3銭、明治神宮鎮座紀念1銭5厘、世界大戦平和紀念3銭縦ペア。

凹版印刷の記(紀)念切手のうちの3件8種＝世界大戦平和紀念(4種)・明治神宮鎮座紀念(2種)・郵便創始50年紀念(4種のうち2種)には、右側の耳紙(例外あり)に1か所、鏡文字の平仮名＋4桁の数字が印刷されたシートがある。これは「実用版管理番号」と呼ばれ、印刷局が原版を管理するための番号。通常は、シートの裁断作業で切り落とされるが、この8種の切手はこの番号の位置が切手に近く、かつ耳紙の幅も広かったため、窓口シートにも残された。切手・額面によって複数の番号数字があり、この番号違いを集めるのも専門収集の楽しみのひとつ。

「実用版管理番号」の番号違いを集める

第2回国勢調査記念3銭：この切手は通常、シート余白が裁ち切られ、実用版管理番号は残らない。しかし、その裁ち切りがずれると、稀にこの番号が顔を出す。「M3734」が鏡字で半分見える、シート右下コーナーの田型。

記(紀)念切手関係・年表&索引

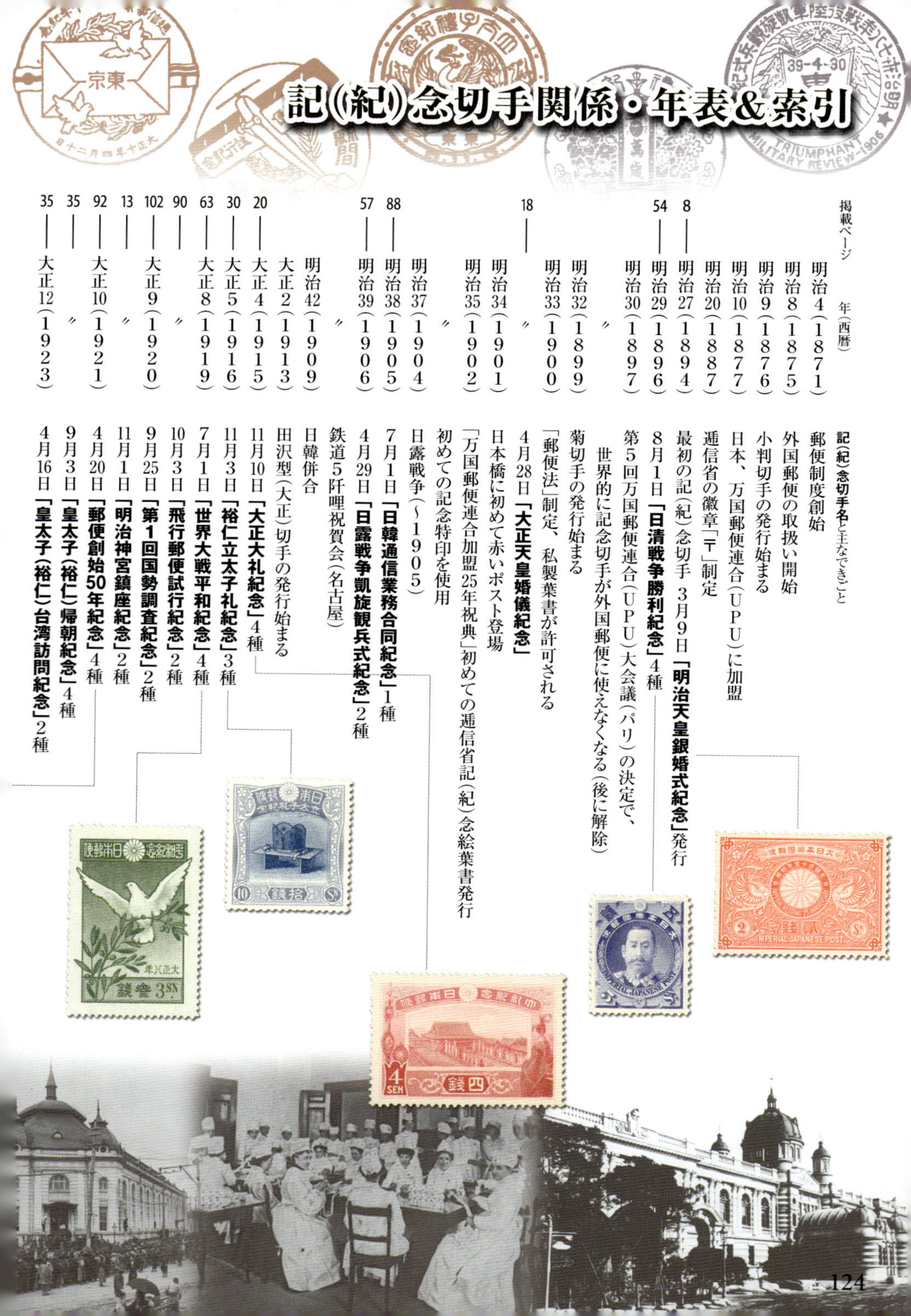

掲載ページ	年(西暦)	記(紀)念切手名と主なできごと
	明治4(1871)	郵便制度創始
	明治8(1875)	外国郵便の取扱い開始
	明治9(1876)	小判切手の発行始まる
	明治10(1877)	日本、万国郵便連合(UPU)に加盟
	明治20(1887)	逓信省の徽章「〒」制定
8	明治27(1894)	最初の記(紀)念切手 3月9日**「明治天皇銀婚式紀念」**発行
54	明治29(1896)	8月1日**「日清戦争勝利紀念」**4種
	明治30(1897)	第5回万国郵便連合(UPU)大会議(パリ)の決定で、
	〃	世界的に記念切手が外国郵便に使えなくなる(後に解除)
	明治32(1899)	菊切手の発行始まる
	明治33(1900)	「郵便法」制定、私製葉書が許可される
18	〃	4月28日**「大正天皇婚儀紀念」**
	明治34(1901)	日本橋に初めて赤いポスト登場
	明治35(1902)	「万国郵便連合加盟25年祝典」初めての逓信省記(紀)念絵葉書発行
	〃	初めての記念特印を使用
	明治37(1904)	日露戦争(～1905)
88	明治38(1905)	7月1日**「日韓通信業務合同紀念」**1種
57	明治39(1906)	4月29日**「日露戦争凱旋観兵式紀念」**2種
	〃	鉄道5哩祝賀会(名古屋)
	明治42(1909)	日韓併合
	大正2(1913)	田沢型(大正)切手の発行始まる
20	大正4(1915)	11月10日**「大正大礼紀念」**4種
30	大正5(1916)	11月3日**「裕仁立太子礼紀念」**3種
63	大正8(1919)	7月1日**「世界大戦平和紀念」**4種
90	〃	10月3日**「飛行郵便試行紀念」**2種
102	大正9(1920)	9月25日**「第1回国勢調査紀念」**2種
13	〃	11月1日**「明治神宮鎮座紀念」**2種
92	大正10(1921)	4月20日**「郵便創始50年紀念」**4種
35	〃	9月3日**「皇太子(裕仁)帰朝紀念」**4種
35	大正12(1923)	4月16日**「皇太子(裕仁)台湾訪問紀念」**2種

- 〃 9月1日 関東大震災 印刷局滝野川工場、逓信省が被災
- 41 — 〃 11月（発行予定）**「皇太子裕仁結婚式紀念」**4種が不発行となる
- 〃 11月頃〜震災切手の発行始まる
- 25 — 大正14（1925） 5月10日**「大正天皇銀婚式紀念」**4種
- 92 — 昭和2（1927） 6月20日**「万国郵便連合（UPU）加盟50年紀念」**4種
- 47 — 昭和3（1928） 11月10日**「昭和大礼記念」**4種、これ以降「紀念」→「記念」と表記
- 106 — 昭和4（1929） 10月2日**「神宮式年遷宮記念」**2種
- 〃 世界的経済大恐慌（〜1932）
- 102 — 昭和5（1930） 9月25日**「第2回国勢調査記念」**2種
- 13 — 〃 11月1日**「明治神宮鎮座10年記念」**2種
- 昭和6（1931） 満州事変（柳条湖事件）
- 97 — 昭和9（1934） 4月20日**「逓信記念日制定記念」**小型シート1種
- 109 — 〃 10月1日**「第15回赤十字国際会議記念」**4種
- 67 — 昭和10（1935） 4月2日**「満州国皇帝（溥儀）来訪記念」**4種
- 昭和11（1936） 二・二六事件
- 74 — 〃 9月1日**「関東局始政30年記念」**3種
- 113 — 〃 11月17日**「帝国議会議事堂完成記念」**4種
- 78 — 昭和12（1937） 6月1日**「愛国切手」**3種
- 〃 昭和切手の発行始まる
- 109 — 昭和14（1939） 11月15日**「赤十字条約成立75年記念」**4種
- 116 — 昭和15（1940） 2月11日、11月10日**「紀元2600年記念」**4種
- 119 — 〃 10月25日**「教育勅語50年記念」**2種
- 昭和16（1941） 真珠湾攻撃、大東亜戦争勃発
- 81 — 昭和17（1942） 2月16日**「シンガポール陥落記念」**2種
- 67 — 〃 3月1日、9月15日**「満州国建国10周年記念」**4種
- 121 — 〃 10月24日**「鉄道70年記念」**1種
- 81 — 〃 12月8日**「大東亜戦争第1周年記念」**2種
- 86 — 昭和19（1944） 6月29日**「靖国神社75年記念」**2種
- 74 — 〃 10月1日**「関東神宮鎮座記念」**2種
- 昭和20（1945） 8月15日 終戦

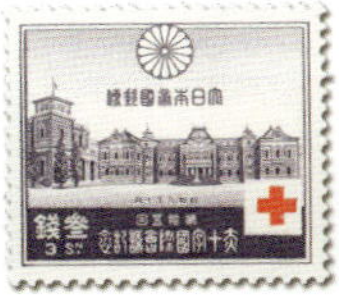

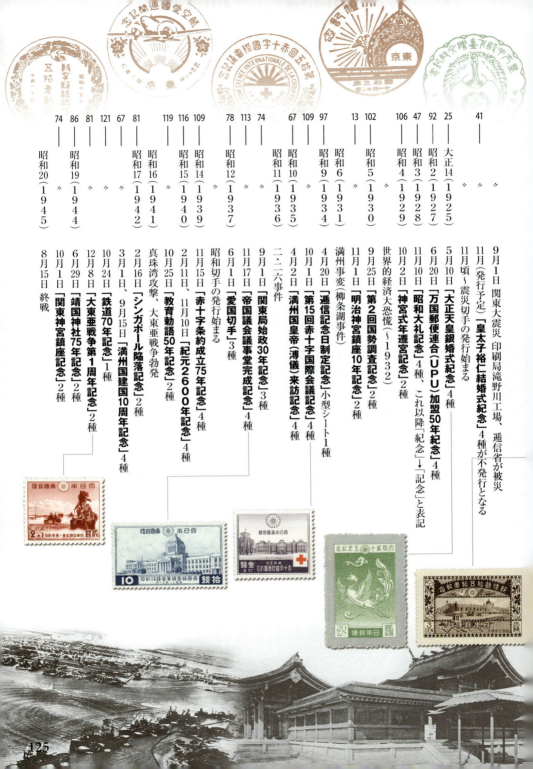

あとがき

戦前の日本記(紀)念切手を末永く楽しむために

戦前の記念切手は、不発行の４種を除くと、カタログのメインナンバーで96種類あります。中にはカタログ評価の高い切手もあり、収集対象に加えるには、勇気が要るかも知れません。しかし、実は、意外に取り付き易い楽しみ方があるのです。

図案別かつ低額面で集める

それは、"異なった図案の切手だけを、まず一通り揃えよう"とする集め方。戦前記念切手の多くは、国内用と国外用の葉書・封書額面それぞれ２種ずつで構成されています。この場合、一部の例外を除き、国内用・国外用の２種ずつの図案は同じ。しかも低額面の２種は発行数も多く、その分カタログ評価も低いのです。一例として、1921年(大正10)発行の「郵便創始50年」２種を右下に示しました。低額面と高額面のカタログ評価の違いが、よくお分かりになることと思います。

このポイントに着目し、収集を始めてみましょう。まず、戦前の記念切手を、図案別で数えると58種になります。さらに、購入のための予算を、仮にさくら切手カタログの評価(普通品)で、上限1500円としてみます。この程度の予算でも、図案別58種のうちの８割もの切手が購入できるのです。戦前の記念切手を、純粋に図案の面白さで楽しむためには、まったく不自由はありません。

1500円という金額は、現在発行されている82円の記念切手シート(820円)の２倍にも満たない額！ この程度の値段で、発行から60年以上も経った切手が入手できるのです。まさに歴史との対話といっても過言ではありません。

できるだけ状態の良い切手を

仮に毎月の予算を5,000円、購入する切手の種類を平均３種としても、２年以内に目標はクリアできるでしょう。

ただし、切手のコンディションには気をつけたいものです。戦前記念切手の低額面は、市場に大量に滞留しており、カタログ価格よりかなり安く入手できるチャンスも多くあります。こまめに即売会を覗き、また、切手趣味誌の広告やネットオークションにも目を通すなどしてみてください。

選び方のポイントは、あくまでも状態の良いもの。表面がフレッシュであれば、ヒンジ跡は許容しましょう。しかし、糊落ちやシミの出ているものは、たとえ価格が安くても、あとで必ず取り替えたくなるので、ぜひ避けてください。

郵便創始50年紀念３銭
カタログ評価 **800円**

郵便創始50年紀念10銭
カタログ評価 **56,000円**

*カタログ評価は「さくら日本切手カタログ2017」による未使用普通品のもの。

切手ビジュアルヒストリー・シリーズ

図説・戦前記念切手

2016年8月15日　第1版第1刷発行

著　者　原田昌幸
発　行　株式会社 日本郵趣出版
〒171-0031 東京都豊島区目白 1-4-23
切手の博物館4階
電話 03-5951-3416（編集部直通）
発売元　株式会社 郵趣サービス社
〒168-8081 東京都杉並区上高井戸 3-1-9
電話 03-3304-0111（代表）
FAX03-3304-1770
http://www.stamaga.net/
制　作　株式会社 日本郵趣出版
編　集　平林健史
装　丁　村上香苗
印刷・製本　シナノ印刷株式会社

資料協力
秋吉誠二郎　印南博之　植村　峻
魚木五夫　田辺龍太　神宝　浩
山本明美（山本知永コレクション）
一般財団法人 切手の博物館　聖徳記念絵画館
公益財団法人 郵政博物館　読売新聞社
国立国会図書館　横浜開港資料館
Edition Synapse

主要参考文献
樋畑雪湖『日本郵便切手史論』
（大正5年・日本郵券倶楽部刊）
切手趣味編輯編『日本記念切手物語』其一～其六
（昭和 12 ～ 14 年・切手趣味編輯部）
島田健造『日本記念絵葉書総図鑑』
（昭和 60 年・日本郵趣出版刊）
柳原友治『切手趣味講座 戦前の特殊切手類 1～ 60』
（昭和 51 ～ 53 年『切手』誌連載・全日本郵便普及協会刊）
山口　修『日本記念切手物語　戦前編』
（昭和 60 年・日本郵趣出版刊）
魚木五夫・田辺　猛『〈JAPEX94〉記念出版 戦前記念切手』
（平成6年・日本郵趣協会刊）

平成28年7月11日 郵模第2619号

ISBN978-4-88963-799-1　C0021

著者プロフィール
原田昌幸（はらだ・まさゆき）

1958年東京都生まれ。小学生の頃から切手収集を始め、1970年日本郵趣協会に入会。世界の万博切手、札幌五輪切手で切手の多彩さを体感。1972年日本郵趣協会主催の「第1回ジュニア切手教室」を修了、菊切手の専門収集の面白さに気づく。この成果を、全国切手展「JAPEX1973, 74, 75」ジュニア部門に連続出品。“ジュニア賞”を頂く。当時、協会のジュニア指導に尽力された故・石川昭二郎氏の薫陶を受けて、深く狭くから→広く浅く、切手収集を楽しむように方向を転換。大学時代には一時収集を休止したが、考古学・歴史学を学び、その後博物館に勤務。その折り「世界の考古学切手」を博物館で展示する機会を得て、収集を再開。現在、日本切手のカタログコレクションを中心に、沖縄、満州国、南方占領地の切手や、記念絵葉書、風景印などを広く、浅く収集。日本の文化、有職故実や祭祀、山岳信仰に関心を持つ。多彩な切手で“歴史を楽しむ”、がモットー。地元の小さな郵趣会で、機関誌『白郵』の編集を担当。

本書は、切手趣味誌『スタンプマガジン』にて、2004年1月号より2005年7月号まで連載した「セミ・クラシック×戦前の日本記念切手」に加筆を行い、連載時には未掲載のビジュアル資料を大幅に加えたものです。